持ち歩き図鑑

身近な野草・雑草
目次

春の野草・雑草（1月〜5月）…………3

夏の野草・雑草（6月〜8月）…………75

秋の野草・雑草（9月〜12月）……137

植物用語の図解…………204
植物用語の解説…………209
索引……………………217

本書をごらんになる前に

　本書は、日本の野外で身近に見られる代表的な野草や雑草を、春、夏、秋の季節に分けて、それぞれやさしく解説したものです。

　季節の分け方は、おおよそ、春を1～5月、夏を6～8月、秋を9～12月としました。分け方の基準としたのは開花期です。ただし、地方により花期にずれが生じることも多いので、特に春と夏、夏と秋の分かれ目の植物については、それぞれの季節をごらんください。ただし、よく似た植物をできるだけ並べて掲載するために、一部、季節を移したものもあります。

　各季節の中での配列は、
　①被子植物　双子葉合弁花類
　②被子植物　双子葉離弁花類
　③被子植物　単子葉類
　④シダ植物

の順としました。各科の配列は原則として、林弥栄編『日本の野草』、牧野富太郎著『牧野新日本植物図鑑』などに従いました。

　初歩の方にも興味をもっていただけるよう、掲載種はできるだけ一般的なものを中心に選びました。ページ数の関係から、高山のものは含めず、花の目立たないイネ科やカヤツリグサ科、またシダ植物については、ごく身近なものだけを取り上げました。

　分布については、種によっては外国にまでその分布の及んでいるものもありますが、国内だけの記載としております。

　本書の執筆にあたり、前記の著書のほか、佐竹義輔ほか編『日本の野生植物』、清水矩宏ほか編・著『日本帰化植物写真図鑑』など、多くの著書を参考にさせていただきました。厚くお礼申し上げます。

著者

春の野草・雑草
1月〜5月

カントウタンポポ

キク科タンポポ属
分布 本州（関東・中部）

関東蒲公英

春

関東地方に多いのでこの名があるが、最近では帰化植物のセイヨウタンポポに押されて都市周辺では少なくなった。農村に見られる多年草。花の外側にある緑色の総苞片は上向きにつき、先のほうに角状の突起がある。

総苞

セイヨウタンポポ

キク科タンポポ属
分布 （帰化植物）

西洋蒲公英

ヨーロッパ原産の多年草。世界の温帯地域に広がり、日本でも都市周辺でふつうに見られるタンポポとなっている。つぼみのときから総苞片が下向きに垂れ下がるのが大きな特徴。日本産のタンポポでは垂れ下がらない。

総苞

エゾタンポポ

キク科タンポポ属　**分布** 北海道、本州（中部以北）

蝦夷蒲公英

　北海道に多いことからこの名があるが、東北、関東北部、中部地方にも生える多年草。頭花は直径4cmほどあり、カントウタンポポよりやや大きく、小花の数も多い。総苞外片は広卵形で直立し、角状突起はふつうない。

春

カンサイタンポポ

キク科タンポポ属　**分布** 本州（長野県以西）～沖縄

関西蒲公英

総苞

　関西地方に多いやや小振りのタンポポ。花茎は細く、高さ約20cm。4～5月につく頭花は直径2～3cmと小さく、花の数も少ない。他のタンポポよりやや細身。総苞外片は長楕円状披針形で、ふつう角状突起はない。

シロバナタンポポ

キク科タンポポ属
分布 本州（関東以西）〜沖縄

白花蒲公英

総苞

春

暖かい地方の人里近くに見られる多年草。葉は全体に淡緑色で、他種に比べて弱々しい感じがする。3〜5月、花茎の先端に白色の頭花をつける。総苞は淡緑色で先には角状の突起があり、やや開出する。

アカミタンポポ

キク科タンポポ属
分布（帰化植物）

赤実蒲公英

赤い実

近年になって都市周辺で急に多くなった。セイヨウタンポポにごく近く、総苞外片が垂れ下がることは同じ。両者の大きな区別点は、セイヨウタンポポの実が灰褐色なのに対し、こちらはその名の通り、実が暗赤色。

ブタナ

キク科エゾコウゾリナ属

分布 (帰化植物)

豚菜

頭花

ヨーロッパ原産の多年草。昭和の初めに札幌で発見された。その後、近畿地方で報告があり、戦後になって各地に広がっている。タンポポに似るが、本種の花茎は50cm以上になる。頭花は黄色で直径約3〜4cm。

コウゾリナ

キク科コウゾリナ属

分布 北海道〜九州

髪剃菜

茎

山麓の草地や道端にふつうに生える2年草。茎や葉に剛毛があり、さわるとざらつくことから、それをカミソリに例えてこの名がついた。草丈20〜90cm。5〜10月、直径2〜2.5cmの黄色の頭花をたくさん開く。

春

ノゲシ

キク科ノゲシ属
分布 日本全土

野罌粟

道端にふつうに生える1～2年草。高さ1mぐらいになる。葉は羽状に切れこみ、ケシの葉を思わせるがケシ科ではない。葉の鋸歯の先は触れても痛くない。5～7月、直径約2cmの頭花を開く。別名ハルノノゲシ。

オニノゲシ

キク科ノゲシ属
分布 (帰化植物)

鬼野罌粟

明治時代に渡来したヨーロッパ原産の2年草。ノゲシに似るが、葉の鋸歯の先につくとげは触れると痛い。ノゲシに比べ、全体に荒々しい感じがすることからこの名がある。茎は高さ1mほど。黄色の頭花は直径約2cm。

ジシバリ

キク科ニガナ属 [分布] 日本全土

地縛り

　細長い茎が地面を這い、所々で根をおろす様子が、まるで地面を縛るように見えることからこの名がある。葉は円形もしくは楕円形。4〜7月、高さ10cmほどの花茎を出し、直径2cmほどの黄色の頭花をつける。

オオジシバリ

キク科ニガナ属 [分布] 日本全土

大地縛り

　ジシバリに似て花や葉が大型。やや湿り気のある道端や水田にふつうに見られる多年草。茎は地面を這って伸びる。葉は長さ6〜20cmのへら状楕円形。花茎は高さ10〜30cmで、直径3cmほどの黄色の頭花をつける。

ニガナ

キク科ニガナ属
分布 日本全土

苦菜

春

　山地や野原にごくふつうに見られる多年草。茎は細く、高さ30cmほどになる。5〜7月、直径1.5cmほどの黄色の頭花を多数つける。頭花はふつう5個の舌状花よりなる。和名は茎や葉に苦みのある乳液を含むことから。

ウスベニニガナ

キク科ウスベニニガナ属
分布 本州(和歌山県以西)〜沖縄

薄紅苦菜

　暖地に生える1年草。全体に粉白緑色で、茎は下部から枝を分ける。葉は互生し、基部は有翼の柄となって茎を抱く。3〜11月、高さ30cmほどの枝先に淡紫色の頭花を2〜5個つける。頭花は多数の筒状花からなる。

オニタビラコ

キク科オニタビラコ属

分布 日本全土

鬼田平子

　鬼は大型の意。タビラコはコオニタビラコの別名。道端や庭の隅に生える1～2年草。高さ20～100cm。根生葉は倒披針形で羽状に深裂する。茎葉は少ない。4～9月、直径7～8mmの黄色の頭花を多数つける。

春

コオニタビラコ

キク科ヤブタビラコ属

分布 本州、四国、九州

小鬼田平子

根生葉

　別名タビラコ。田平子とは、水田にロゼット状の根生葉を広げた様子をあらわしたもの。コオニタビラコはオニタビラコの小型の意。春の七草ホトケノザは本種のこと。3～5月、直径1cmほどの黄色の頭花を開く。

チチコグサ

キク科ハハコグサ属
分布 日本全土

父子草

春

和名はハハコグサに対してつけられた。やや乾いた丘陵地などに生える多年草。根生葉は花時にも残り、線形で長さ2.5〜10cm、裏面は綿毛があって白っぽい。5〜6月、高さ8〜20cmの花茎に褐色の頭花がつく。

ハハコグサ

キク科ハハコグサ属
分布 日本全土

母子草

若苗

荒れ地や道端など人里に多い2年草。全体に綿毛が多い。春の七草の一つで、オギョウもしくはゴギョウの呼び名もある。昔は若苗を食用とし、もちに入れてついた。4〜6月に黄色の頭花を次々とつけてゆく。

ウラジロチチコグサ

キク科ハハコグサ属
分布 (帰化植物)

裏白父子草

南アメリカ原産の多年草。昭和40年代後半に帰化が知られ、東北地方から九州にかけて急速に広がった。高さ80cmほどになる。葉の表面には毛が少ないが、裏面や茎は白毛が密生していて白い。頭花は直径4mmほど。

ノアザミ

キク科アザミ属
分布 本州、四国、九州

野薊

山野に多く見られる多年草。茎は高さ60〜100cm、上部で枝分かれする。根生葉は花時にも残り、茎につく葉は互生する。5〜8月、枝の頂に直径3〜4cmの紅紫色の頭花を直立してつける。総苞片は粘着する。

フキ

キク科フキ属
分布 本州〜沖縄

蕗

山野に生える多年草。地下茎を伸ばしてふえる。葉が出る前に花茎を伸ばすが、この淡緑色の苞に包まれた若い花茎はフキノトウと呼ばれ、食用。葉柄も煮物やきゃらぶきに利用される。葉は幅15〜30cmの腎円形。

センボンヤリ

キク科センボンヤリ属
分布 日本全土

千本槍

秋の花

頭花に2つのタイプがあり、春の花は中心に舌状花が並び、舌状花の裏面は紫色を帯びることからムラサキタンポポの別名がある。秋の花はすべて筒状花からなる閉鎖花である。千本槍の名はこの様子を槍に見立てたもの。

ペラペラヨメナ

キク科ムカシヨモギ属　分布（帰化植物）

　中央アメリカ原産の多年草で、石垣のすき間などによく生える。茎の下部と根は木質化する。茎は基部から多く枝分かれして横に広がる。4～10月、直径1.5～2cmの白色の頭花を開き、次第に赤くなる。

春

ハルジオン

キク科ムカシヨモギ属　分布（帰化植物）

春紫苑

　北アメリカ原産の多年草。大正時代に渡来し、戦後、都市周辺を中心に全国に広がった。草丈は60cmほどになり、根生葉は長楕円形で花時にも残る。茎は中空。4～6月、白色か淡紅色の頭花をつける。つぼみは垂れる。

イヌノフグリ

ゴマノハグサ科クワガタソウ属

分布 本州～沖縄

犬の陰嚢

畑や道端、石垣の間などに生える2年草。同属の帰化植物であるオオイヌノフグリ、タチイヌノフグリに押され、ごく少なくなった。3～4月、紅紫色のすじのある淡紅紫色の花を開く。和名は果実の形に由来する。

オオイヌノフグリ

ゴマノハグサ科クワガタソウ属

分布 (帰化植物)

大犬の陰嚢

ユーラシア・アフリカ原産の2年草。明治年間に渡来し、今では全国的に人里に繁殖している。イヌノフグリよりずっと大型。3～5月、直径7～10mmのルリ色の花を開く。果実はイヌノフグリに似るが、やや扁平。

タチイヌノフグリ

ゴマノハグサ科クワガタソウ属
分布 (帰化植物)

立犬陰嚢

実

　ユーラシア・アフリカ原産の2年草。オオイヌノフグリとほぼ同じころ渡来し、全国的に広がっている。ただし、花の直径が約4mmと小さいので、あまり人目をひかない。高さ15～25cmになる。花はルリ色。

春

フラサバソウ

ゴマノハグサ科クワガタソウ属
分布 (帰化植物)

実

　和名は、明治末期に日本の植物を研究したフランスの植物学者フランシェ、サバチェ両氏の名前を記念してつけられた。ユーラシア原産の2年草。葉は広楕円形で鋸歯がある。4～5月、淡青紫色の花をつける。

17

マツバウンラン

ゴマノハグサ科ウンラン属
分布 (帰化植物)

松葉海蘭

春

北アメリカ原産の1～2年草。かなり全国的に広がっている。茎は細く無毛で、束生し、高さ20～60cmになる。葉は幅1～2mmの線形で互生する。青紫色、唇形の花は2～4mmの柄があり、穂のようにつく。

ムラサキサギゴケ

ゴマノハグサ科サギゴケ属
分布 北海道～九州

紫鷺苔

サギゴケ

湿り気のある水田の畔などに群生する多年草。這う枝を出してふえるのが特徴。葉は倒卵形。4～6月、花茎の先に紅紫色で長さ1.5～2cmの唇形の花を開く。白花のものをサギゴケまたはサギシバという。

ハシリドコロ

走野老

ナス科ハシリドコロ属 　分布　本州、四国、九州

春

芽ばえ　　　花

　根がオニドコロ（ヤマノイモ科）に似ており、全体にアルカロイドを含む有毒植物。食べると幻覚症状をおこし、苦しんで走り回ることからこの名がある。高さ30〜60cmになり、葉のわきに鐘形の暗紫色の花をつける。

タツナミソウ

シソ科タツナミソウ属
分布 本州、四国、九州

立浪草

春

　和名は、花の様子を打ち寄せる波に見立てたもの。丘陵地や野原に生える多年草。茎は直立し、高さ20〜40cmになる。葉は対生し、円心形。5〜6月、茎先に一方を向いた多数の青紫色の唇形花を穂状につける。

コバノタツナミソウ

シソ科タツナミソウ属
分布 本州（関東以西）〜九州

小葉の立浪草

　丘陵地や海岸近くに見られる多年草。タツナミソウに比べ、葉をはじめ全体が小型。葉は長さ幅ともに1cmぐらい。葉に短毛が密生してビロードのようにふわふわするところから、ビロードタツナミの別名がある。

オドリコソウ

シソ科オドリコソウ属　分布 日本全土

踊子草

山野や道端の半日陰などに生える多年草で、高さ30〜50cm。葉は対生し、広卵形で長さ5〜10cm。4〜6月、葉のわきに淡紫色または白色の唇形花をつける。和名は、花の形が笠をかぶって踊る人に似ていることから。

春

ヒメオドリコソウ

シソ科オドリコソウ属　分布（帰化植物）

姫踊子草

ヨーロッパ、小アジア原産の2年草。日本への渡来は明治の中ごろといわれる。茎は高さ10〜25cmになる。葉は対生し、卵円形で、上部の葉は暗紅色を帯びる。4〜5月、上部の葉のわきに暗紅色の唇形花をつける。

ホトケノザ

シソ科オドリコソウ属
分布 本州〜沖縄

仏の座

　人里にふつうに見られる2年草で、高さ10〜30cm。葉は対生し、長さ1〜2cmの扇状円形。3〜6月、上部の葉のわきに紅紫色の唇形花をつける。春の七草のホトケノザは本種ではなく、キク科のコオニタビラコ。

カキドオシ

シソ科カキドオシ属
分布 日本全土

垣通し

　つる性の多年草。茎は初め直立して高さ5〜25cmになるが、のちに倒れて地上を這い、節から根を出して繁殖。葉は対生し腎円形。4〜5月、葉のわきに淡紫色の花を開く。和名はつるが垣根を通って長く伸びるから。

ジュウニヒトエ

シソ科キランソウ属

分布 本州、四国

十二単

丘陵や山地の、やや明るい雑木林などに多い多年草。和名は、花が重なって咲く様子を宮中の女官などが着た十二単に見立てた。高さ15～18cmになり、全体に白毛が多い。4～5月、茎先の花穂に淡紫色の花をつける。

春

ニシキゴロモ

シソ科キランソウ属

分布 北海道、本州、九州

錦衣

和名は葉の美しさをたたえたもの。特に葉の裏面は紫色が目立つ。丘陵や山地の林内に生える多年草。茎は高さ8～15cmになり、少し縮れた毛がある。葉は長倒卵形。4～6月、淡紅白色の唇形の花を数個つける。

23

キュウリグサ

ムラサキ科キュウリグサ属

分布 日本全土

胡瓜草

花

春

畑や道端にふつうに生える2年草。高さ15〜30cmになる。3〜5月に花茎を出し、淡青紫色の小花を次々に開いてゆく。花は直径2mmぐらい。和名は卵円形の葉をもむとキュウリに似たにおいがすることによる。

ワスレナグサ

ムラサキ科ワスレナグサ属

分布 (帰化植物)

勿忘草

ヨーロッパ原産の多年草。一般には観賞用に栽培されているが、北海道や長野県など野生化しているところも多い。茎は高さ20〜50cm。下部の葉は倒披針形。4〜7月、枝先に花序を出し、直径6〜9mmの花を開く。

フデリンドウ

リンドウ科リンドウ属

分布 北海道〜九州

筆竜胆

　山野の日当たりのよいところに生える2年草。高さ6〜9cmになる。根生葉は小さく、ロゼット状にならない。4〜5月、茎の先に長さ2〜2.5cmの青紫色の花をつける。和名は花の形が筆の穂先を思わせることから。

春

コケリンドウ

リンドウ科リンドウ属

分布 本州、四国、九州

苔竜胆

　日当たりのよい原野に生える小さな2年草。高さ3〜10cm、よく枝分かれする。基部に、卵状菱形で長さ1〜4cmの根生葉がロゼット状につく。茎の葉は卵形で長さ4〜10mm。3〜5月、淡青色の小花をつける。

25

ルリハコベ

サクラソウ科ルリハコベ属

分布 本州(伊豆半島、紀伊半島)〜沖縄

瑠璃繁縷

目の覚めるようなルリ色の花をつけ、ハコベの仲間ではないが、草の様子がハコベを思わせることからこの名がある。海岸近くに生える1年草で高さ10〜20cmになる。花期は3〜5月。花は直径1cmぐらい。

ハマボッス

サクラソウ科オカトラノオ属

分布 日本全土

浜払子

海岸に生える2年草。茎は基部で数本に分かれ、高さ10〜40cm、上部で枝分かれする。葉は互生し倒卵形。5〜6月、花序を立てて多数の白花をつける。和名は浜辺に生えて花序の姿が仏具の払子を思わせることから。

サクラソウ

サクラソウ科サクラソウ属
分布 北海道、本州、九州

桜草

山間の湿地や河岸の原野などに生える多年草。花が美しいのでよく栽培もされている。和名はサクラに似た花の形による。葉は根ぎわに多数集まる。4～5月、15～40cmの花茎に、5つに裂けた紅紫色の花をつける。

クリンソウ

サクラソウ科サクラソウ属
分布 北海道、本州、四国

九輪草

山地の湿り気のあるところに生える多年草。観賞用に栽培もされ、園芸品種も多い。葉は大型の倒卵状長楕円形で、根ぎわに集まる。5～6月、高さ40～80cmの花茎の先に、数段に輪生して紅紫色の花をつける。

アオイスミレ

スミレ科スミレ属

分布 本州、四国、九州

葵菫

丘陵や山地に生え、全体に粗い毛がある。花後、つるを分枝して地面を這い、その先に新しい苗をつくる。葉は円心形。花は淡紫色で、花期は3〜4月と早い。和名は、葉がウマノスズクサ科のフタバアオイに似るから。

エイザンスミレ

スミレ科スミレ属

分布 本州、四国、九州

叡山菫

和名は比叡山に生えるスミレの意味。山地樹陰に生える。葉は3全裂し、各裂片に柄があり、側裂片は柄の基部から少し離れたところでさらに2裂する。花期は4〜5月で、ふつう淡紫色だが白色のものもある。

タチツボスミレ

スミレ科スミレ属　分布 日本全土

立坪菫

　スミレ類の中で山野に最もふつうに見られるスミレ。茎は枝分かれして株をつくり、高さ5～15cm、花後は約30cmにもなる。葉は心臓形で長さ1～4cm。花はふつう淡紫色で4～5月に咲く。ツボ(坪)は庭のこと。

春

ツボスミレ

スミレ科スミレ属　分布 北海道～九州

花

坪菫

　原野や庭(坪)の片隅の湿り気のあるところを好んで生える。全株無毛。葉は扁心形で幅2～3.5cm、托葉は披針形。花はふつう白色で、スミレの仲間では小型。下弁に紫色のすじが入る。側弁は有毛。花期は4～5月。

スミレ

スミレ科スミレ属
分布 北海道～九州

菫

スミレには多くの種類があるが、名前からして本種がその代表。ただし、スミレというと本種を指すのか、スミレ全体を指すのかわからないことがある。人里や丘陵に生える。葉は披針状楕円形。花は濃紫色。

ヒメスミレ

スミレ科スミレ属
分布 本州、四国、九州

姫菫

人里近くによく見られるやや小型のスミレ。ふつう全体に毛はない。葉はほこ形の長卵形で長さ2～4cm、深い緑色でやや光沢がある。花は濃紫色でスミレに似るが、はるかに小型で直径10～12mm。花期は4～5月。

トウダイグサ

トウダイグサ科トウダイグサ属

分布 本州、四国、九州、沖縄

燈台草

和名は灯台のことではなく、全体の形が油を入れた皿を置く昔の燈台に似ていることによる。人里の道端、石垣、土手などに生える2年草。茎は高さ30cmほど。葉はへら形で互生し、その先に黄色の花がつく。

春

ノウルシ

トウダイグサ科トウダイグサ属

分布 北海道〜九州

野漆

湿地に生える多年草で群落をつくることが多い。茎は直立し、高さ30cmほど。切るとウルシに似た白い汁が出てかぶれることからこの名がある。葉は楕円形で、茎先に5枚の葉を輪生し、そこから出る枝に花をつける。

ヤマアイ

トウダイグサ科ヤマアイ属

分布 本州、四国、九州、沖縄

山藍

山地に群生する多年草で、高さ30〜40cmになる。葉は対生し、披針状長楕円形。4〜7月、花柄の先に緑色の小花をつける。染料植物として利用されるアイ（タデ科）と間違われるが、本種は利用されていない。

フッキソウ

ツゲ科フッキソウ属

分布 本州、四国、九州

実

富貴草

常緑の葉が茂る様子を繁栄に例えて、おめでたい富貴の字があてられたという。高さ20cmほどになる。人家、神社、寺院などにもよく植えられている。3〜5月、茎の上部に雄花、下部に雌花がつく。果実は白色。

ヘビイチゴ

バラ科ヘビイチゴ属　分布 日本全土

蛇苺

実

　水田の畔や道端などの、やや湿り気のあるところに生える多年草。赤い実はよく有毒だといわれるが、毒性はない。ただし、おいしくない。葉は3小葉。4～6月、黄色の花をつける。果実は球形で直径8～10mm。

キジムシロ

バラ科キジムシロ属　分布 北海道～九州

雉蓆

　円く広がった株をキジの座るむしろに見立てた名前という。山野にふつうに見られる高さ5～30cmの多年草。葉は5～9枚の小葉からなる奇数羽状複葉。4～5月、まばらな集散花序をつくり、直径1cmほどの黄花を開く。

カラスノエンドウ

マメ科ソラマメ属
分布 本州、四国、九州、沖縄

烏野豌豆

花

春

　人里近くに生える2年草。葉は3〜7対の小葉からなる羽状複葉。3〜6月、紅紫色の蝶形花を開く。花後の豆果は長さ3〜5cmの広線形で黒く熟す。この黒く熟した実をカラスに例えた名前。中の種子は5〜10個。

スズメノエンドウ

マメ科ソラマメ属
分布 本州、四国、九州、沖縄

雀野豌豆

　カラスノエンドウに似ているが、それより小型なので、カラスに対してスズメにあてたもの。人里近くに多い2年草。葉は6〜7対の小葉からなる羽状複葉。4〜5月、白紫色の蝶形花を開く。豆果は中に種子が2個。

カスマグサ

マメ科ソラマメ属　分布 本州、四国、九州、沖縄

カス間草

カラスノエンドウとスズメノエンドウの中間の大きさで、カラスとスズメの間という意味からカスマの名がついた。野原の道端、土手などに生える2年草。小葉は4〜7対。花は淡青紫色。ふつう豆果の中に種子は4個。

ミヤコグサ

マメ科ミヤコグサ属　分布 日本全土

都草

道端や芝地などに生える多年草。茎はふつう地面を這い、周りに広がる。葉は互生し、柄のある3出複葉。4〜10月、鮮黄色の蝶形花をつける。和名はこの草が昔、都（京都）に多かったからというが、はっきりしない。

レンゲソウ

マメ科ゲンゲ属
分布 （帰化植物）

蓮華草

中国原産の2年草。根に根粒菌がついて空気中の窒素を固定できるため、もともとは緑肥として利用されてきた。これが水田地帯を中心に野生化したもの。4〜6月、花柄の先に紅紫色の蝶形花を開く。別名ゲンゲ。

春

ヒメハギ

ヒメハギ科ヒメハギ属
分布 日本全土

姫萩

日当たりのよい、やや乾いたところに生える常緑の多年草。高さ10〜30cmになる。葉は卵形で互生し、長さ1〜3cm。4〜6月、短い花序に紫色の蝶のような形の花がつく。和名は小型で、花が萩を思わせるため。

カタバミ

カタバミ科カタバミ属
分布 日本全土

傍食

　道端や庭などどこにでも生える多年草。茎や葉にシュウ酸を含み、かむとかなりの酸みがある。高さ10～30cmになる。葉は互生し3小葉からなる。花は黄色で直径約8mm。和名は葉の一方が欠けて見えることから。

ムラサキカタバミ

カタバミ科カタバミ属
分布 (帰化植物)

紫傍食

　南アメリカ原産の多年草。日本には江戸時代末期に渡来した。初めは観賞用に栽培され、それが逸出して広まったものと思われる。葉はすべて根生。5～7月、高さ30cmほどの花茎を出し、先端に淡紅紫色の花を開く。

春

ナズナ

アブラナ科ナズナ属

分布 日本全土

薺

春

　畑や庭の隅などにふつうに見られる2年草。春の七草の一つ。根生葉は有柄で、羽状に深裂する。3〜6月、高さ10〜30cmの花序に白花をつける。実の形が三味線のバチを思わせることからペンペングサの別名がある。

マメグンバイナズナ

アブラナ科マメグンバイナズナ属

分布 (帰化植物)

豆軍配薺

　北アメリカ原産の2年草で日本には明治時代の中期に渡来した。高さ20〜50cmになる。葉は光沢があり、根生葉はふつう花期には枯れる。花期は5〜6月、花は緑白色。果実は縁に狭い翼があり、先端が少しへこむ。

グンバイナズナ

アブラナ科グンバイナズナ属 分布 日本全土

軍配薺

　畑や水田の畔、草地などに生える高さ30〜60cmの多年草。和名は果実の形が軍配に似ることから。広いへら形の根生葉は花時には枯れる。上部につく葉は基部が茎を抱く。4〜6月、直径4〜5mmの白花をつける。

イヌナズナ

アブラナ科イヌナズナ属 分布 北海道〜九州

犬薺

　草地や畑などに生える多年草。高さ10〜20cm。根生葉はへら状長楕円形。茎につく葉は粗い鋸歯があり、基部は茎を抱く。花は黄色で直径約4mm。果実は長さ5〜8mmの楕円形。ナズナに似るが食用とならない。

タネツケバナ

アブラナ科タネツケバナ属
分布 日本全土

種漬花

種もみを水に漬けて苗代の準備を始めるころに花が咲くので、この名があるという。水田、水辺の湿地に多い2年草。葉は羽状複葉。3〜5月、高さ10〜30cmの枝先に総状花序を出し、白色小型の花を多数つける。

ミズタガラシ

花

アブラナ科タネツケバナ属
分布 本州（関東以西）〜九州

水田芥子

水田や湿地に生える多年草。全体に無毛で、高さ30〜60cmになる。茎は花時まで直立するが、花後に倒れて地面を這う。葉は羽状複葉で頂小葉は大きい。4〜6月、総状花序に10〜30個の花をつける。花弁は白色。

オランダガラシ

アブラナ科オランダガラシ属　分布（帰化植物）

ヨーロッパ原産の多年草。若い茎や葉には特有の辛みがあって食用とされ、クレソンとも呼ばれて親しまれている。明治時代初期に渡来し野生化した。高さ30～50cmになる。葉は羽状複葉。白花は直径8mmほど。

春

ハナダイコン

アブラナ科オオアラセイトウ属　分布（帰化植物）

花大根

中国原産の2年草で、高さ30～80cmになる。ショカツサイ、オオアラセイトウなどの別名もある。江戸時代に渡来し、近年は各地に野生化している。根生葉と下部の葉は羽状に深裂する。花は淡紫色～紅紫色。

イカリソウ

メギ科イカリソウ属
分布 北海道西南部、本州

錨草

春

　花の形が船の錨(いかり)そっくりのことからの名。北海道の渡島(お)半島から主として本州の太平洋側に生える多年草。茎は高さ20〜40cm。葉はふつう2回3出複葉で、小葉は広卵形。4〜5月、茎先の花序に淡紫色の花をつける。

トキワイカリソウ

メギ科イカリソウ属
分布 本州(日本海側)

常磐錨草

　地上茎は高さ20〜60cmになる。小葉はややかたく、縁にはとげ状の毛がある。花期は4〜5月、本州の中部以西に分布し、日本海側に多い。福井県以西では紅紫色、北陸では白花が目立つ。根生葉は冬にも枯れない。

ネコノメソウ

ユキノシタ科ネコノメソウ属
分布 北海道～九州

猫の目草

山地の湿り気のあるところに生える多年草。和名は、花後に2つ並んだ果実の様子が猫の目を思わせることから。茎は横に伸び、節から根を出し、先端は立ち上がって高さ5～20cmに。4～5月、淡黄色の花をつける。

ハルユキノシタ

ユキノシタ科ユキノシタ属
分布 本州（関東～近畿）

春雪の下

山地の岩上に生え、根茎は地表を長く横に這う。根生葉は円形～腎円形で長さ幅ともに2～7cm、基部は心臓形。4～5月、高さ20～30cmの花茎に多数の白花を開く。上側の3花弁は小さく、下側の2花弁は大きい。

チャルメルソウ

ユキノシタ科チャルメルソウ属

分布 本州(中部以西)、九州

哨吶草

山地の湿った林や渓流の縁に生える多年草。和名は、熟した果実の様子が中国の楽器チャルメラに似ることによる。葉は根生し、広卵形。3～5月、高さ30～40cmの花茎の先に、羽状に3～5裂した花をつける。

コチャルメルソウ

ユキノシタ科チャルメルソウ属

分布 本州、四国、九州

小哨吶草

湿った山林内などに生える多年草。葉は根生し、卵円形。3～5月、高さ20～30cmの茎先に2～10個の花をつける。花弁は淡い黄緑色または紅紫色で羽状に7～9裂し、チャルメルソウよりもさらに繊細な感じとなる。

エゾエンゴサク

ケシ科 キケマン属
分布 北海道、本州（東北〜中部）

蝦夷延胡索

　山地や山麓のやや湿った場所に生える多年草。高さ15〜25cm。葉は1〜2回3出複葉で小葉は楕円形。4〜5月、茎先に長さ15〜25mmの青紫色の花をつける。小花柄のつけ根の小苞は卵形。延胡索はこの類の漢名。

春

ヤマエンゴサク

ケシ科 キケマン属
分布 本州、四国、九州

山延胡索

　山野に生える多年草。高さ10〜20cm。葉は2回分裂し裂片は卵状楕円形。4〜5月、茎先に長さ15〜25mmの青紫色または紅紫色の花をつける。エゾエンゴサクに似るが、小花柄のつけ根の小苞は先が3〜5裂。

45

ジロボウエンゴサク

ケシ科キケマン属
分布 本州（関東以西）、四国、九州

次郎坊延胡索

山地や原野に生える多年草。和名の次郎坊とは、伊勢地方のスミレの方言名〝太郎坊〟に対する呼び名で、子どもがスミレや本種の花をひっかけて遊んだことによる。地中に塊茎がある。茎は高さ15cm。花は紅紫色。

ムラサキケマン

ケシ科キケマン属
分布 日本全土

紫華鬘

山麓や平地の日陰に生える2年草。茎は高さ20〜50cmになる。葉は2〜3回羽状にこまかく裂け、裂片はさらにこまかく裂ける。4〜6月、紅紫色の花を花序につける。和名の華鬘は寺院で飾る装飾具のこと。

ヤマブキソウ

ケシ科クサノオウ属

分布 本州、四国、九州

山吹草

　山野の樹下に生える多年草で群生することが多い。4弁花だが、黄色の花がヤマブキを思わせることからこの名がある。根生葉は羽状複葉で、小葉は5〜7枚。4〜6月、茎の上部に花をつける。花弁は長さ2.5cm。

春

オキナグサ

キンポウゲ科オキナグサ属

分布 本州、四国、九州

実

翁草

　高さ10cmほどになる多年草。根生葉は2回羽状複葉で小葉はさらに深裂する。茎につく葉は柄がない。4〜5月、長さ約3cmの鐘形の花を下向きに開く。外側は白毛でおおわれ、内側は暗赤紫色。和名は実の様子から。

47

セツブンソウ

節分草

キンポウゲ科セツブンソウ属 **分布** 本州（関東以西）

雪の中で

袋果

　山地の木陰に生える日本特産の多年草。石灰岩地を好む。和名は節分のころに開花することによる。根生葉は3全裂、茎の先につく苞葉は柄がなく、この中心から花柄を1本出し、直径2cmの白花を開く。果実は袋果。

ミスミソウ

キンポウゲ科ミスミソウ属
分布 本州（中部以南）、九州

三角草

　高さ5〜10cmになる多年草。葉は心臓形で3深裂し、常緑。裂片の先はとがる。3〜4月、白色または淡紫色の花を開く。和名は葉の形から。裂片の丸いものをスハマソウ（洲浜草）、両者をユキワリソウとも呼ぶ。

春

フクジュソウ

キンポウゲ科フクジュソウ属
分布 北海道〜九州

福寿草

　寒い地方に多い多年草。花期が早いので、正月の鉢植えとしてよく楽しまれてもいる。高さ15〜30cmになる。葉は互生し、3回羽状複葉で、裂片はさらに深裂する。2〜4月、直径4cmほどの黄色の花をつける。

キツネノボタン

キンポウゲ科キンポウゲ属
分布 日本全土

狐の牡丹

水田の畔や溝などによく見られる2年草。高さ30～50cmになる。和名は葉の形がボタンの葉に似ることによるという。葉は3出複葉。4～7月に黄色の5弁花をつける。果実はたくさん集まってコンペイ糖状となる。

ウマノアシガタ

キンポウゲ科キンポウゲ属
分布 日本全土

馬の脚形

本種の八重咲品に初めキンポウゲ（金鳳花）の名がつけられたが、現在はこの名は本種の別名として使われている。高さ30～60cmになる多年草。上部でよく分枝する。4～5月、直径2cmほどの黄色の5弁花を開く。

イチリンソウ

キンポウゲ科イチリンソウ属
分布 本州、四国、九州

一輪草

　山地の木陰や山麓の土手などに生える多年草。高さ20〜25cm。根生葉は有柄で2回3出複葉。茎につく葉は3枚が輪生する。4〜5月、この葉の間から長さ5〜7cmの花柄を出し、直径約4cmの白色5弁花を開く。

春

ニリンソウ

キンポウゲ科イチリンソウ属
分布 北海道〜九州

花

二輪草

　山地や竹林、土手などに多い多年草。茎は高さ15〜25cmになる。根生葉は3つに深く裂け、裂片はさらに裂ける。茎につく葉は3枚輪生し、柄はない。4〜5月、直径1.5〜2.5cmの白花をふつう2個開く。

51

キクザキイチゲ

キンポウゲ科イチリンソウ属

分布 北海道、本州(近畿以西)

菊咲一華

白花

山地の木陰に生える多年草。高さ10〜20cm。根生葉は2回3出複葉。茎につく葉は3枚が輪生し小葉は羽状に裂ける。3〜5月、直径3〜4cmの8〜13弁の淡紫色または白色花を開く。別名キクザキイチリンソウ。

春

アズマイチゲ

キンポウゲ科イチリンソウ属

分布 北海道〜九州

東一華

山地や山麓に生える多年草。高さ15〜20cmになる。根生葉は2回3出複葉で、小葉はさらに裂ける。全体がキクザキイチゲに似るが本種の茎につく葉の小葉は羽状に分裂しない。3〜5月、直径3〜4cmの白花を開く。

ユキワリイチゲ

キンポウゲ科イチリンソウ属

分布 本州(西部)、四国、九州

雪割一華

　林内に生える多年草。根茎はやや太くて横に這い、しばしば紫色を帯びる。根生葉は表面は濃緑色で白い斑があり、裏面は紫色。茎葉は3枚が輪生する。3月ごろ、15～30cmの花茎の先に淡紫色の花を1個つける。

春

オウレン

キンポウゲ科オウレン属

分布 北海道西南部、本州

黄蓮

　主として日本海側の針葉樹林下などに生える多年草。薬用植物としても有名で栽培も行われている。根生葉は1回3出複葉。3～4月、高さ15cmほどの花茎の先に直径1cmほどの白花を開く。別名キクバオウレン。

セリバヒエンソウ

キンポウゲ科ヒエンソウ属 分布 (帰化植物)

芹葉飛燕草

中国原産の1年草で、高さ15〜40cmになる。わが国には明治年間に渡来し、東京周辺から野生化している。葉は3全裂し、各裂片はさらに羽状に深裂してセリの葉を思わせる。4〜5月、枝先に淡紫色の花をつける。

ツメクサ

ナデシコ科ツメクサ属 分布 日本全土

爪草

庭の片隅などによく生える小型の1〜2年草。茎は株の根元から分枝し、高さ2〜15cmになる。葉は対生し線形で、長さ5〜20mm。3〜7月、直径4mmほどの白色5弁花を開く。和名は細い葉を鳥の爪に見立てた。

ミミナグサ

ナデシコ科ミミナグサ属 分布 日本全土

耳菜草

やわらかい小さな葉をネズミの耳に例えたという。道端や畑に生える2年草。茎はふつう暗紫色を帯び、高さ10～30cm。葉は対生し卵形。4～6月、ややまばらに白花をつける。小花柄は長さ5～15mmとやや長い。

オランダミミナグサ

ナデシコ科ミミナグサ属 分布 (帰化植物)

ヨーロッパ原産の帰化植物。明治末期に渡来し、都市周辺で特に多い。茎は高さ10～60cmになる。ミミナグサに比べ、小花柄がごく短いのが大きな特徴。全体に軟毛と腺毛が多く、茎は暗紫色を帯びない。

ハコベ

ナデシコ科ハコベ属
分布 日本全土

繁縷

人里のいたるところに生えている1〜2年草。全体にやわらかく、高さ10〜30cmになる。春の七草の一つで、小鳥のえさとしてもおなじみ。葉は対生し、卵形。3〜9月、直径6〜7mmの白花を次々と開く。

ノミノフスマ

ナデシコ科ハコベ属
分布 日本全土

蚤の衾(ふすま)

衾は夜具のことで、小型の葉を蚤の夜具に例えた。畑や水田の縁、荒れ地などに生える2年草。全体に無毛で高さ5〜30cmになる。葉は長楕円形で長さ1〜2cm。4〜10月、5弁の白花を開く。花弁は深く2裂する。

ノミノツヅリ

ナデシコ科ノミノツヅリ属
分布 日本全土

蚤の綴り

小さな葉を蚤の綴り（粗末な衣）に見立てたものといわれる。道端、荒れ地、畑などに生える2年草。茎は枝を分けて広がり、下向きの短毛があり、高さ5〜25cmになる。葉は広卵形で長さ3〜7mm。花は白色5弁。

ギシギシ

タデ科ギシギシ属
分布 日本全土

羊蹄

田畑の畔や湿地など、やや湿り気のあるところに生える多年草。茎は高さ60〜100cmになる。根生葉は長楕円形で、茎につく葉は細長い。5〜6月、茎の上部に淡緑色の小花をつける。花後、内花被片は翼状になる。

スイバ

タデ科ギシギシ属
分布 北海道～九州

酸い葉

春

　田畑の畔道など人里近くにふつうに生える多年草。茎は高さ30～100cmになる。根生葉は披針状長楕円形で長さ約10cm。5～6月、緑紫色の小花をつける。和名は葉に酸みがあることによる。スカンポとも呼ばれる。

ヒメスイバ

タデ科ギシギシ属
分布 (帰化植物)

姫酸い葉

　ユーラシア原産の多年草。明治初期に渡来し各地に広がった。高さ20～50cmでスイバより小型。同じく葉にシュウ酸を含み、酸みがある。葉は細いほこ形で長さ2～7cm。5～6月、総状花序に褐緑色の小花がつく。

ウワバミソウ

イラクサ科ウワバミソウ属 分布 北海道〜九州

蕁草

春

　山地の湿り気の多い場所に生えるやわらかい多年草。高さ10〜30cm。葉は倒卵形で長さ1〜3cm。4〜8月に黄白色の花を開く。和名はうわばみ（大蛇）が出そうな場所に生えるから。別名ミズナは茎に水分が多いため。

フタバアオイ

ウマノスズクサ科カンアオイ属 分布 本州、四国、九州

双葉葵

　徳川家の紋どころ、三つ葉葵はこの葉を3枚組み合わせたもの。多年草で、葉を対生状に2枚つける。葉は卵心形で長さ4〜8cm。3〜5月、葉柄の基部に直径1.5cmほどの淡い紫褐色の花を1個、下向きにつける。

ヒトリシズカ

センリョウ科センリョウ属

分布 北海道〜九州

一人静

山地の林下に生え、高さ10〜30cmになる多年草。茎先に4枚の葉が輪生し、葉は楕円形で長さ8〜10cm。4〜5月、まだ葉が伸びきらないうちに長さ3cmほどの白色の穂状花序を1本立てる。和名はこの姿による。

フタリシズカ

センリョウ科センリョウ属

分布 北海道〜九州

二人静

山野に見られる多年草で高さ30〜60cm。茎の上部に、対生する葉を相接してつける。葉は長さ8〜16cmの楕円形。4〜6月、穂状花序に無柄の白花を点々とつける。和名はこの花穂がふつう2本あることから。

キンラン

ラン科キンラン属

分布 本州、四国、九州

金蘭

丘陵や山地のやや明るい林下に生える多年草。高さ30〜50cmになる。葉は互生し、長楕円形で長さ8〜15cm。基部は茎を抱く。4〜6月、黄色の花を3〜12個つける。花は長さ1.5cmほどで、ほとんど平開しない。

ギンラン

ラン科ギンラン属

分布 北海道〜九州

銀蘭

キンランに似て、白色の花をつけることからの名前。山地や丘陵地の林内に生える多年草。高さ15〜20cmになる。葉は3〜4枚が茎の上部につき、長さ3〜8cmの楕円形。4〜5月、2〜4個の小花をつける。

クマガイソウ

ラン科アツモリソウ属
分布 北海道～九州

熊谷草

春

袋状の唇弁を源平時代の武将・熊谷直実の背負った母衣（ほろ）に見立てた。高さ30～40cmの多年草。葉は扇形で直径15～20cm、柄はなく、2枚がほぼ対生してつく。4～5月、黄白色で直径8～10cmの花を横向きに開く。

アツモリソウ

ラン科アツモリソウ属
分布 北海道、本州（中部以北）

敦盛草

和名は、袋状の唇弁を平敦盛の母衣に見立てたもので、クマガイソウに対する名前。山地の草原に生える多年草で高さ30～50cm。葉は広楕円形で3～4枚が互生する。5～7月、紅紫色で直径5cmほどの花を開く。

シュンラン

ラン科シュンラン属
分布 北海道〜九州

春蘭

丘陵地や山地のやや乾燥したところに生える多年草。葉は常緑で線形、長さ20〜50cm。3〜4月、根ぎわから花茎を立てて直径3〜5cmの淡黄緑色の花をつける。ふつうは一茎一花。別名ホクロは唇弁の斑点による。

春

オキナワチドリ

ラン科ヒナラン属
分布 九州南部、沖縄

沖縄千鳥

湿った岩上の割れ目などに生え、高さ8〜15cm。葉は茎の下部に2〜3個つき、長さ4〜8cmの長楕円形。3〜4月、淡紅紫色で、唇弁に紅紫色の斑がある花が数個つく。唇弁は倒卵状くさび形で長さ8〜10mm。

シャガ

アヤメ科アヤメ属
分布 本州、四国、九州

射干

人里近くの林下に群生する多年草。古い時代に中国から渡来したものではないかといわれている。果実はできず、根茎からの走出枝でふえる。葉は常緑で光沢がある。5〜6月、直径5〜6cmの白紫色の花をつける。

ヒメシャガ

アヤメ科アヤメ属
分布 本州、四国、九州

姫射干

山地に生える多年草。花が美しいので栽培もされる。葉は長さ20〜40cm。花茎は細く、長さ20〜30cm。5〜6月、花茎の先に淡紫色で直径4〜5cmの花を2〜3個開く。和名はシャガに似て小型であるから。

ミミガタテンナンショウ 耳形天南星

サトイモ科テンナンショウ属 分布 本州、四国

山地の林内に生える多年草。高さ25〜50cmになる。葉は2枚。葉を広げる前に仏炎苞を伸ばしはじめる。仏炎苞は葉よりも高く、暗紫色をしている。和名は、仏炎苞の口辺部が耳たぶのように横に張り出すことによる。

ムラサキマムシグサ 紫蝮草

サトイモ科テンナンショウ属 分布 本州（長野県以北）

偽茎に蝮（まむし）を思わせるような斑紋があり、仏炎苞の形も蝮を思わせることから、この名がある。葉は2枚。仏炎苞は縦に白いすじがあり、舷部の長さはふつう筒部と同じくらい。肉穂花序（にくすい）は苞内の中央で棍棒状となる。

65

ムサシアブミ

サトイモ科テンナンショウ属 **分布** 本州(関東以西)〜沖縄

武蔵鐙

仏炎苞の形が、昔、武蔵国でつくられた鐙に似ることに由来する名。海岸に近いやや湿った林内に生える多年草。葉は2枚。4月ごろ、葉柄の間から葉よりやや低い花茎を出し、仏炎苞に包まれた肉穂花序をつける。

ウラシマソウ

サトイモ科テンナンショウ属 **分布** 北海道〜九州

浦島草

山林の縁や竹林に生える多年草。仏炎苞の中から肉穂の先が紫黒色の糸になって出ているのを、浦島太郎の釣り糸に見立てた。高さ40〜50cm。4〜5月に開花。暗紫色の仏炎苞は長さ12〜18cm。釣り糸は40〜50cm。

ナンゴクウラシマソウ

サトイモ科テンナンショウ属　分布 本州(中国地方)、四国、九州

南国浦島草

山林内の樹下に生える多年草。葉は1枚、長柄があり、鳥足状に分裂する。花茎は高さ10〜20cm、仏炎苞の舷部は暗紫色。肉穂花序は糸状に長く伸び、基部はウラシマソウより太く、小じわが密生する。

春

ヒメウラシマソウ

サトイモ科テンナンショウ属　分布 本州(山口県)、九州

姫浦島草

やや暗い林の中に生える。葉は1枚、長柄があり、鳥足状に分裂する。花柄は葉よりも低い。仏炎苞は濃紫色で白いすじが入り、舷部内面に白いT字状の斑紋がある。肉穂の先は糸状に長く伸びる。

ユキモチソウ

サトイモ科テンナンショウ属

分布 本州(静岡・三重・奈良県)、四国

雪餅草

暖かい地方の林下に見られる多年草。和名の雪餅草は肉穂の先端が球状で雪のように白くやわらかいのを餅に例えた。高さ15〜30cmになる。葉は2枚。花は4〜6月。仏炎苞は紫褐色で、内側は黄白色。

テッポウユリ

ユリ科ユリ属

分布 薩南諸島、沖縄

鉄砲百合

亜熱帯地方の海岸近くの岩場などに生える多年草。切花用として栽培もされる。鱗茎は黄白色で苦みが強い。茎は高さ50〜100cmになる。葉は披針形。4〜6月、ラッパ形で、長さ15cmほどの純白の花をつける。

チゴユリ

ユリ科チゴユリ属
分布 北海道〜九州

稚児百合

やや明るい山地に生える多年草。地下茎は横に出て、つる枝を出す。茎は高さ15〜30cm。葉は互生し、楕円形で長さ4〜7cm。4〜5月、茎の先に6弁の白花を1〜2個つける。液果は黒い球形。

ホウチャクソウ

ユリ科チゴユリ属
分布 日本全土

宝鐸草

高さ30〜60cmになる多年草。上部で分枝する。葉は長楕円形で長さ5〜15cm。4〜5月、長さ3cmほどの筒形の花を垂れ下げる。花は白色に少し緑色を帯びる。和名は花の形を寺院の屋根に下がる宝鐸に例えた。

エンレイソウ

ユリ科エンレイソウ属
分布 北海道〜九州

延齢草

高さ20〜40cmになる多年草。茎の先に無柄の3枚の葉を輪生する。葉は広卵形で長さ10〜15cm。4〜6月、紫褐色または緑色の花を開く。花被片は萼片にあたる外花被3片だけで、花弁にあたる内花被3片はない。

ミヤマエンレイソウ

ユリ科エンレイソウ属
分布 北海道〜九州

深山延齢草

オオバナノエンレイソウ

山地または深山に生える多年草。エンレイソウに大きさ、姿も似るが、長さ2.5cmほどの白色の内花被片3個が目立つ。外花被片3個は緑色。東北、北海道には内花被片が4cmにもなるオオバナノエンレイソウがある。

カタクリ

ユリ科カタクリ属

分布 北海道〜九州

片栗

　早春に紅紫色の大輪の花を開く。丘陵地の北側や山地にかけて生える多年草。群生することが多い。3〜5月、高さ15cmほどの茎の先に直径4〜5cmの花を開く。地下の小さな鱗茎は、昔は片栗粉の原料とされた。

春

アマナ

ユリ科アマナ属

分布 本州、四国、九州

甘菜

　日当たりのよい原野や土手に生える多年草。3〜5月、白色を帯びた広線形の葉を2枚出す。葉の幅は4〜6mm。葉の間から花茎を1本立て、その先に広い鐘形の白花を開く。花被片は6枚で長さ2〜2.5cmの披針形。

コバンソウ

イネ科コバンソウ属
分布 (帰化植物)

小判草

ヨーロッパ原産の1年草。明治時代に渡来し、広く野生化した。高さ30～60cmになる。葉は線状の長披針形で長さ8cmほど。5～6月、茎の先の円錐花序に、長さ1～2cmの小判に似た小穂を垂れ下げる。

春

ヒメコバンソウ

イネ科コバンソウ属
分布 (帰化植物)

姫小判草

コバンソウに似るが全体が小型。ヨーロッパ原産の1年草で、やや暖かい地方に野生化している。茎は高さ10～50cm。葉は線状披針形で長さ3～10cm。5～7月、花序に淡緑色の三角状卵形の小穂を垂れ下げる。

スギナ

トクサ科トクサ属
分布 日本全土

杉菜

畑や空地、道端などに広く群生する多年草。地下茎が広がり、繁殖力が強い。早春、地下茎から胞子茎を立て、その後、栄養茎を出す。一般に、胞子茎をツクシ、栄養茎をスギナと呼んでいる。ツクシは食用となる。

クサソテツ

オシダ科クサソテツ属
分布 北海道〜九州

草蘇鉄

日当たりのよい河岸、原野の湿地から山地に生える多年生のシダ。地中の根茎から新芽を出してふえる。早春に栄養葉を出し、胞子葉は秋ごろとなる。栄養葉は1mに達するが、その芽吹きはコゴミと呼ばれ食用となる。

ワラビ

イノモトソウ科ワラビ属

分布 日本全土

蕨

日当たりのよい山地や原野に生える多年生のシダ。根茎は太く、地中を横に這い、長さ50〜200cmの葉をまばらにつける。葉身は三角状卵形で長さ幅とも50cm以上になり、3回羽状に分裂。春の若芽は山菜となる。

ゼンマイ

ゼンマイ科ゼンマイ属

分布 日本全土

銭巻

山地や山麓のやや湿り気のあるところに生える多年生のシダ。幼葉はこぶし状に巻いて白い綿毛をかぶり、これを食用とする。生長した葉は三角状卵形で2回羽状複葉。これは栄養葉。同じ根茎から褐色の胞子葉も出る。

夏の
野草・雑草
6月～8月

コウリンタンポポ

キク科ヤナギタンポポ属

分布 (帰化植物)

紅輪蒲公英

ヨーロッパ原産の多年草。北海道に多く帰化し、道端などにふつうに見られる。花茎は直立し、高さ10〜50cm。全面に黒っぽい毛が密生。6〜8月、直径約2.5cmの橙赤色の花をつける。和名は頭花の様子から。

夏

ヒメジョオン

キク科ムカシヨモギ属

分布 (帰化植物)

姫女苑

北アメリカ原産の1〜2年草。明治初年に渡来し、全国的に広がっている。茎は高さ30〜130cmになる。6〜10月、直径2cmほどの白色または淡紫色の頭花をつける。ハルジオンに似るが、本種の茎は中空ではない。

ハマニガナ

キク科ニガナ属
分布 日本全土

浜苦菜

海岸の砂地に生える多年草。白い地下茎は深く砂中を這い、葉だけが砂の上に出る。葉の形は切れこみのないもの、あるものなどいろいろ。4～10月、高さ10cmほどの花茎を出し、直径2～3cmの黄色の頭花を開く。

ネコノシタ

キク科ハマグルマ属
分布 本州、四国、九州、沖縄

猫の舌

葉の質が厚く、短い剛毛があってざらざらしている。これが猫の舌を思わせることから、この名がついた。海岸の砂地に生える多年草。葉は対生し、卵形。7～10月、直径約2cmの黄色の花を開く。別名ハマグルマ。

ヤブレガサ

キク科ヤブレガサ属
分布 本州、四国、九州

破れ傘

芽ばえ

丘陵や山地に生える多年草。7～9月に花をつけるが、この植物は春の芽ばえの姿がおもしろい。これが和名の由来。高さ70～120cmになり、葉は円形で掌状に深裂する。頭花は円錐花序につき、直径8～10mm。

ミヤマヨメナ

キク科ヨメナ属
分布 本州、四国、九州

深山嫁菜

山地の木陰に生える多年草。茎は高さ20～50cmになる。葉は互生し、卵形または倒卵形で、翼のある長柄があり、上部では次第に無柄となる。淡青紫色の頭花は枝先に1個つき、舌状花は少ない。

キキョウソウ

キキョウ科キキョウ属 分布 (帰化植物)

桔梗草

北アメリカ原産の1年草。比較的乾いたところを好み、茎は高さ30〜80cmになる。葉は卵形で互生。5〜6月、葉のわきに直径1.5〜1.8cmの花をつける。花冠は濃紫色で先は5裂する。別名ダンダンギキョウ。

ホタルブクロ

キキョウ科ホタルブクロ属 分布 日本全土

蛍袋

各地の丘陵や山地に見られる多年草。茎は直立し、高さ40〜80cmになる。根生葉は柄のある卵心形で、茎につく葉は長卵形となる。6〜7月、淡紅紫色または白色に近い鐘形の花をつける。花の長さ4〜5cm。

カラスウリ
烏瓜

ウリ科カラスウリ属
分布 本州、四国、九州

林の縁などに見られる多年生のつる草。葉は掌状に3〜5浅裂。8〜9月、白花を夕刻になって開く。花冠は5裂し、裂片は縁がレース状にこまかく裂ける。雌雄異株。雌株では秋、楕円形で5〜7cmの赤い実がなる。

キカラスウリ
黄烏瓜

ウリ科カラスウリ属
分布 日本全土

カラスウリに似た多年生のつる草。葉は黄みの強い緑色。花期は8〜9月。5弁の裂片の先が広く、その先のレースはやや短い。夕刻開き、翌朝おそくに閉じる。雌株につく実は広楕円形で長さ10cm。黄熟する。

ヤエムグラ

アカネ科ヤエムグラ属
分布 日本全土

八重葎

他のものによりかかって伸びる1〜2年草。葉は長さ1〜3cmの線形で6〜8枚が輪生の形となる。5〜7月、葉腋に径1mmほどの小さな黄緑色の4弁花をつける。実は径2mmほどの球形で2個がくっついてつく。

夏

イナモリソウ

アカネ科イナモリソウ属
分布 本州、四国、九州

稲森草

三重県の稲森谷で発見されたことからこの名がある。山地の林下に生える小型の多年草で、高さ3〜10cmになる。葉は2〜3対が対生し、長さ3〜6cmの三角状卵形。5〜6月、長さ2.5cmほどの淡紫色の花を開く。

イワタバコ

イワタバコ科イワタバコ属

分布 本州、四国、九州

岩煙草

夏

　山地の湿り気のある岩壁に生える多年草。葉は1〜2枚つき、卵状楕円形で長さ10〜30cm。表面にちりめん状のしわがある。7〜8月、長さ6〜12cmの花茎の先に直径1.5cmほどの紅紫色の花を開く。

イワギリソウ

イワタバコ科イワギリソウ属

分布 本州(近畿以西)〜九州

岩桐草

　渓谷の岩壁に生える多年草。葉は根ぎわにつき、長さ3〜10cmの柄があり、広卵形で長さ4〜10cm。5〜6月、葉の間から花茎を出し、散形花序に紅紫色の花をつける。花冠は漏斗状唇形で長さ2cmほど。

オオバコ

オオバコ科オオバコ属

分布 日本全土

大葉子

 人が踏みつけるような道端に多い多年草。葉はすべて根生し、卵形でやや平行した脈がある。4〜9月、10〜20cmの花茎をたくさん立て、その先端に白い小さな花を穂状につける。和名は葉が大きいことによる。

夏

ヒシモドキ

ヒシモドキ科ヒシモドキ属

分布 本州、四国、九州

菱擬

 池や沼に生える多年草。茎は細長く伸びて水中をただよう。水上葉は三角状円形で長さ2〜3.5cm。7〜9月、葉腋より3cmほどの花茎を出し、淡紅色の花を水上に開く。花冠は筒状で長さ2〜2.5cm、先は5裂。

スズカケソウ

ゴマノハグサ科スズカケソウ属

分布 本州（岐阜県）

鈴懸草

竹林内にまれに生える多年草。茎は斜上して長さ1〜1.5m、葉とともにビロード状の毛が生える。葉は互生し卵形で長さ7〜11cm、縁は鋸歯がある。7〜8月、葉腋に球形の花序をつくり、濃紫色の花を密につける。

ビロードモウズイカ

ゴマノハグサ科モウズイカ属

分布 （帰化植物）

天鵞絨毛蕊花

ヨーロッパ原産の2年草。各地に帰化し、特に北海道に多い。全体にビロード状の灰白色の毛があり、それが雄しべの花糸にも多いことからこの名がある。高さ1〜2mになり、葉は倒披針形。8〜9月、黄色の花を開く。

モウセンゴケ

モウセンゴケ科モウセンゴケ属

分布 北海道〜九州

毛氈苔

山地や野原の日当たりのよい湿地に生える多年生の食虫植物。葉は倒卵状円形で長さ5〜10mm、表面に多数の腺毛がある。虫がこれにさわるとたちまち粘着し、分泌物で消化される。6〜8月、花茎の先に白花を開く。

ウツボグサ

シソ科ウツボグサ属

分布 日本全土

枯れた穂

靫草

山地の草地に生える多年草で高さ20〜30cm。葉は対生し、披針状長楕円形。6〜8月、茎先の3〜8cmの花穂に紫色の唇形花をつける。花が終わると花穂はすぐ枯れたようになるため、カコソウ（夏枯草）ともいう。

カイジンドウ

シソ科キランソウ属

分布 北海道、本州、九州

夏

落葉樹林内や草原に生える多年草。高さ30〜40cmになり、茎や葉にこまかい毛が多く、全体がやや白っぽい。葉は卵形または広卵形で長さ3〜8cm、唇形花は紅紫色で長さ1〜1.2cm、茎の上部に集まってつく。

ヤマジオウ

シソ科ジャコウソウ属

分布 本州(神奈川県以西)〜九州

山地黄

山地の木陰に生える多年草。地下茎を伸ばして繁殖する。茎は高さ5〜10cm。葉は倒卵形で長さ3〜7cm、表面にしわがある。8月ごろ、茎先の葉のわきに淡紅色の唇形花を数個つける。花冠は長さ1.5〜1.8cm。

ムラサキ

ムラサキ科ムラサキ属
分布 北海道〜九州

紫

夏

　茎は直立し、葉とともに斜上する毛があり、高さ40〜80cmになる多年草。根が紫色で、古くには染料や薬用とされた。葉は互生し、披針形で長さ3〜7cm。6〜8月、白花を開く。花は直径8mmほど、先端は5裂する。

ルリソウ

ムラサキ科ルリソウ属
分布 北海道、本州（中部以北）

瑠璃草

　林内に生える多年草。茎は高さ20〜40cmになり、開出毛が多い。葉は倒披針形で長さ7〜15cm、こまかい毛がある。5〜6月、花序を頂生し、直径1〜1.5cmの濃い藍色またはまれに白色の花を開く。

ヒルガオ

ヒルガオ科ヒルガオ属

分布 北海道〜九州

昼顔

朝方にだけ花を開くアサガオに対し、日中に花を開くことからこの名がある。野原や道端にふつうに見られるつる性の多年草。葉はほこ形または矢じり形で長さ5〜10cm。7〜8月、直径約5cmの淡紅色の花を開く。

コヒルガオ

ヒルガオ科ヒルガオ属

分布 本州、四国、九州、沖縄

小昼顔

ヒルガオに比べ、花も葉も小型。葉は三角状ほこ形で、ヒルガオに比べ、側裂片がよく発達して著しく横に開出し、先がふつう2裂する。花は淡紅色、漏斗形で、直径3〜4cmとやや小さい。花期は6〜8月。

ハマヒルガオ

ヒルガオ科ヒルガオ属

分布 日本全土

浜昼顔

　海岸の砂浜に生えるつる性の多年草。白く強い地下茎は長く砂中を這う。葉は互生し、腎円形で長さ2〜5cm、光沢がある。5〜6月、葉のわきから出た花柄の先に直径4〜5cmの淡紅色の花を開く。花は漏斗状。

夏

ノアサガオ

ヒルガオ科サツマイモ属

分布 本州〜沖縄、小笠原

野朝顔

　海岸近くの草地や崖などに生える、つる性の多年草。葉は長さ5〜10cmの心臓形で、先は急にとがる。4〜11月、紫色で直径6〜7cmの漏斗形の花を開く。アサガオに似るが、アサガオと違って萼片がそり返らない。

89

ガガイモ

ガガイモ科ガガイモ属
分布 北海道～九州

原野や河原に生える多年生のつる草。茎は緑色で、切ると白い汁が出る。葉は対生し、長卵状心臓形で長さ5～10cm。8月ごろ花柄を出し、直径約1cmの淡紫色の花を開く。果実は長さ約10cm、種子に白毛がある。

チョウジソウ

キョウチクトウ科チョウジソウ属
分布 本州、九州

丁字草

湿った河原の原野などに生える多年草。高さ60cmほどになる。葉は互生し、披針形で両端はとがる。5～6月、茎の先に青紫色の花をつける。花冠の先は5裂して平らに開く。果実は袋果で、長さ5～6cmのさや状。

オカトラノオ

サクラソウ科オカトラノオ属 **分布** 北海道〜九州

岡虎の尾

　山地、丘陵、野原などの日当たりのよいところに生える多年草。和名は花穂が虎の尾を思わせることから。高さ60〜100cmになる。葉は互生し、長楕円形。6〜7月、長さ10〜20cmの花穂をつけて多数の白花を開く。

サワトラノオ

サクラソウ科オカトラノオ属 **分布** 本州、九州

沢虎の尾

　低湿地にまれに生える軟弱な多年草。高さ40〜80cmになる。葉は互生し、広線形で長さ2〜4.5cm。5月ごろ、枝先に総状花序を伸ばし、多数の花をつける。花冠は白色で直径5mmほど、裂片は倒卵形で先は丸い。

アサザ

リンドウ科アサザ属
分布 本州、四国、九州

莕菜

夏

　池沼に生える多年生の水草。地下茎は水底を這い、太く長い茎を出す。葉は水面に浮かび、直径5〜10cmの卵形または円形。6〜8月、葉のわきから花柄を出し、水面に黄花を開く。花径は3〜4cmで5深裂する。

イチヤクソウ

イチヤクソウ科イチヤクソウ属
分布 北海道〜九州

一薬草

　林下に生える常緑の多年草。葉は円形または広楕円形で長さ3〜6cm、根ぎわに集まってつく。6〜7月、20cmほどの花茎の上部に2〜10個の白花をつける。花冠は直径1.3cmほど、深く5裂し、ウメの花に似る。

ギンリョウソウ

イチヤクソウ科ギンリョウソウ属

分布 日本全土

銀竜草

　山地のやや湿り気のある腐植土の多いところに生える菌根植物。全体が白色で葉緑体をもたない。茎は高さ8～20cm、葉は白いうろこ状に退化。5～8月、茎先に下向きに花を開く。花弁は筒状で3～5枚。

夏

イワウチワ

イワウメ科イワウチワ属

分布 本州（近畿以東）

岩団扇

　深山に生える多年草。葉は円形で直径2.5～8cm、厚くて光沢がある。4～6月、3～10cmの花茎を伸ばし、その先に淡紅色の花を横向きに1個つける。花は漏斗状鐘形で直径2.5～3cm、花弁の先はこまかく裂ける。

チドメグサ

セリ科チドメグサ属

分布 北海道を除く日本全土

血止草

この草の汁を傷口につけると血が止まるということからつけられた名前。道端や人家の庭、芝生などに生える多年草。茎は地面を這う。葉は円心形で幅1～1.5cm、掌状にやや切れこむ。5～10月、白色の小花をつける。

ミツバ

セリ科ミツバ属

分布 北海道～九州

三葉

山地や丘陵の木陰に生える多年草。野菜としてしばしば栽培される。茎は高さ30～60cmになる。葉は互生し、3小葉からなる。6～7月、小枝の先に小型の花序をつけ、少数のこまかい白花をつける。花弁は5枚。

セリ

セリ科セリ属

分布 日本全土

芹

若苗

湿地や水田に生える多年草。春の七草の一つで、若苗は七草がゆに入れたり、ひたし物などの食用とされる。茎は高さ20〜80cm、葉は1〜2回3出複葉で、小葉は卵形。7〜8月、枝先に5弁の白色小花をつける。

夏

ハナウド

セリ科ハナウド属

分布 本州（関東以西）、四国、九州

花独活

山麓の林の縁などに生える大型の多年草。大きいものは高さ2mにもなる。葉は3出複葉で、小葉は浅〜中裂し、粗い鋸歯がある。5〜6月、茎の上部に直径20cmほどの大型の複散形花序を出し、白色の小花をつける。

95

アシタバ

セリ科シシウド属

分布 本州（房総〜紀伊半島）、小笠原

明日葉

　海岸に生える大型の多年草。伊豆七島に多く、食用とされる。草の勢いが強く、きょう葉を採っても、あしたはまたすぐ若葉が出るという意味の和名。高さ1mほどで葉は2回羽状複葉。花は淡黄色で花期は8〜10月。

夏

ボタンボウフウ

セリ科カワラボウフウ属

分布 本州、四国、九州、沖縄

牡丹防風

　海岸の砂地に生え、高さ60〜100cmになる多年草。葉は1〜3回羽状複葉で質は厚く、色は白色を帯びた緑色。7〜9月、枝先に多数の白色小花を開く。和名は、葉の様子がボタンの葉を思わせることによる。

アカバナ

アカバナ科アカバナ属
分布 北海道～九州

赤花

　山野の水湿地に生える高さ30～70cmの多年草。葉は対生し、長さ2～6cmの卵状楕円形で、基部はしばしば茎を抱く。7～9月、葉のわきに直径1cmほどの紅紫色の花をつける。花弁は4枚で浅く2裂する。

夏

ユウゲショウ

アカバナ科マツヨイグサ属
分布 （帰化植物）

夕化粧

　南アメリカ原産の多年草。初め栽培種だったが現在は関東以西に野生化する。茎は高さ20～60cm。葉は互生し長さ3～5cmの卵状披針形。5～9月、直径約1cmの淡紅色の花を開く。別名アカバナユウゲショウ。

マツヨイグサ

アカバナ科マツヨイグサ属
分布 (帰化植物)

待宵草

南アメリカ原産の多年草。幕末に渡来し、初めは栽培され、のちに野生化した。茎は高さ30〜90cmで葉は線状披針形。5〜6月、4花弁の直径4cmほどの黄色の花をつける。和名は夕刻に開花することによる。

オオマツヨイグサ

アカバナ科マツヨイグサ属
分布 (帰化植物)

大待宵草

ツキミソウ

北アメリカ原産で、明治初期に渡来し、野生化した。最近は各地で少なくなってきている。高さ80〜150cmの2年草。7〜9月の夜、直径8cmほどの黄色の花をつける。植物学上のツキミソウは白花を開く別種。

メマツヨイグサ

アカバナ科マツヨイグサ属
分布（帰化植物）

雌待宵草

アレチマツヨイグサ

　北アメリカ原産の2年草。各地に帰化し、この仲間では最も多く見られる。茎は高さ30〜150cm、黄色の花は直径約4cm。4枚の花弁の間にすき間のあるものをアレチマツヨイグサとして区別することもある。

夏

ヒシ

ヒシ科ヒシ属
分布 北海道〜九州

菱

果実

　池や沼に生える1年生の水草。泥の中に根を張り、直径3cmほどの三角状菱形の葉は水面に浮く。7〜10月、直径1cmほどの白花を開く。果実は平らな倒三角形の核果で、食用となる。和名はこれに由来するとされる。

99

ミソハギ

ミソハギ科ミソハギ属
分布 北海道〜九州

禊萩

山野の湿地に生える多年草。旧暦の盆のころ咲き、盆花として仏前に供える地方も多い。茎は高さ1mほどになる。葉は対生し、披針形で無毛。7〜8月、葉のわきに紅紫色の花が3〜5個集まって咲く。

オトギリソウ

オトギリソウ科オトギリソウ属
分布 北海道〜九州

弟切草

茎は高さ30〜50cmになり、上部で枝分かれする。葉は対生し、広披針形で長さ3〜5cm、基部はやや茎を抱く。7〜9月、茎の先端に直径1.5cmほどの黄色の花を次々と開く。花弁は5枚で一日花。

シモツケソウ

バラ科シモツケソウ属 分布 本州、四国、九州

下野草

和名は木本のシモツケに似るが草本で、下野国（栃木県）で発見されたことによる。山地の草原に生える多年草。茎は高さ30〜80cm。葉は互生し、羽状複葉。7〜8月、花序に直径4〜5mmの紅色の花をつける。

夏

レンリソウ

マメ科レンリソウ属 分布 本州、九州

連理草

連理とは男女の深い契りの例え。小葉がきれいに対生することから名がついた。やや湿った草地などに生える多年草。茎は直立して両側に狭い翼があり、高さ30〜80cmになる。小葉は線形。花は紅紫色で6月に開く。

シロツメクサ

マメ科シャジクソウ属
分布 (帰化植物)

白詰草

夏

　ヨーロッパ、北アフリカ原産の多年草。江戸時代に渡来し、現在では各所に野生化している。クローバーの名でも親しまれている。葉はふつう3小葉。5～9月、高さ20cmほどの花柄の先に白色蝶形花を球状につける。

アカツメクサ

マメ科シャジクソウ属
分布 (帰化植物)

赤詰草

　シロツメクサに似て淡紅色の花をつける。ムラサキツメクサまたはレッドクローバーとも呼ばれる。ヨーロッパ原産の多年草で、平地によく帰化している。茎は高さ30～60cmと、シロツメクサよりやや立ち上がる。

コメツブツメクサ

マメ科シャジクソウ属
分布 (帰化植物)

米粒詰草

ヨーロッパ〜アジア原産の1年草。道端や河原などに群生する。茎はよく分枝し、高さ20〜40cmになる。葉は3小葉からなり、小葉は長さ1cmほどの倒卵形。花は黄色で長さ3〜4mm、5〜20個が球状に集まる。

夏

アメリカフウロ

フウロソウ科フウロソウ属
分布 (帰化植物)

アメリカ風露

北アメリカ原産の1年草。昭和初期に渡来し、都市周辺に広がっている。茎は高さ10〜40cmになり、こまかい毛を密生する。葉は掌状に5〜7裂し、裂片はさらに裂ける。5〜9月、淡紅白色の5弁の花をつける。

オニバス

スイレン科オニバス属

分布 本州、四国、九州

鬼蓮

夏

池や沼に生える1年生の巨大な水草。全体にとげが多い。葉は円い盾形で、しわが多く、直径20cmから2mに及ぶものまである。7～9月、とげの多い花柄の先に直径4cmほどの鮮やかな紫色の花を1個つける。

コウホネ

スイレン科コウホネ属

分布 北海道西南部、本州、四国

河骨

池沼や小川に生える多年生の水草。葉は緑色の柄があり、水上に抜き出る。葉身は長卵形で長さ20～30cm。6～9月、花柄の先に直径5cmほどの黄色の花を開く。和名は河に生え、根茎が白骨を思わせることから。

ユキノシタ

雪の下

ユキノシタ科ユキノシタ属 **分布** 本州、四国、九州

夏

花 　走出枝

　各地の湿った岩の上などに群生する半常緑の多年草。庭園にも栽培される。糸状で紅紫色の走出枝でふえる。葉は腎臓形。5〜7月、高さ20〜50cmの茎の先に白花を開く。上側の3花弁は小さく、下の2花弁は大きい。

キレンゲショウマ

ユキノシタ科キレンゲショウマ属

分布 本州（紀伊半島）～九州

黄蓮華升麻

深山の林内にまれに生える多年草。高さ80～100cm。葉は円心形で掌状に浅裂し、長さ幅とも10～20cm。7～8月、対生する苞のわきから柄を出し、ふつう3個、または1～2個の黄花を開く。花冠はラッパ状。

クサノオウ

ケシ科クサノオウ属

分布 北海道～九州

草の黄、瘡の王

日当たりのよい道端や石垣などに生える2年草。茎は中空で高さ30～80cmになる。全体がやわらかく粉白色を帯び、傷つけると黄色の汁が出る。葉は互生し、羽状に切れこむ。5～7月、直径2cmほどの黄花を開く。

ナガミヒナゲシ

ケシ科ケシ属
分布 (帰化植物)

長実雛罌粟

果実

ヨーロッパ原産の1年草。近年、都市周辺で急に多く見られるようになった。茎は高さ20～60cmになる。葉は1～2回羽状に深裂し、両面毛が多い。花は4花弁で朱赤色、直径3～6cm。和名は果実の形に由来する。

夏

タケニグサ

ケシ科タケニグサ属
分布 本州、四国、九州

竹似草

丘陵や日当たりのよい山地に生える多年草。茎は中空で高さ1～2mになる。葉は互生し、広卵形で羽状に中裂し、裏面は白粉があって特に白い。7～8月、大きな円錐花序をつくり、白色の小花をたくさんつける。

カザグルマ

キンポウゲ科センニンソウ属

分布 本州、四国、九州北部

風車

林縁などに生える落葉性のつる草。周りの木にからまり登る。葉は羽状複葉で小葉は3〜5枚、卵形で先はとがる。その年に伸びた枝先に1〜3対の葉をつけ、5月ごろ直径7〜12cmの白色または淡紫色の花を開く。

ハンショウヅル

キンポウゲ科センニンソウ属

分布 本州、九州

半鐘蔓

山地の林縁などに生える落葉性で木質のつる植物。茎は細長く、しばしば暗紫色を帯びる。葉は対生し、3小葉で小葉は長さ4〜9cmの楕円状。5〜6月、半鐘に似た形で、長さ2.5cmほどの紅紫色の花をつり下げる。

レンゲショウマ

キンポウゲ科レンゲショウマ属
分布 本州（福島県〜奈良県）

蓮華升麻

日本特産の多年草。本州の主に太平洋側の深山に生える。高さ40〜80cmになる。葉は2〜4回3出複葉で小葉は卵形。8月ごろ、茎の上部に直径3.5cmほどの淡紫色の花をまばらにつける。袋果は長さ1.5〜2cm。

夏

ヤマオダマキ

キンポウゲ科オダマキ属
分布 北海道〜九州

山苧環

深山に生える多年草。高さ30〜50cm。根生葉は2回3出複葉。6〜8月、茎の先に直径3〜3.5cm、紫褐色に淡黄色を帯びた花を下向きに開く。和名は、麻糸を巻きつけた苧環に花の形が似ていることによる。

109

スベリヒユ

スベリヒユ科スベリヒユ属
分布 日本全土

滑り莧

日当たりのよい道端や畑、庭などに生える1年草。全体が肉質で無毛。葉も肉質で、長さ1.5～2.5cmの長楕円形。7～9月に小さな黄色の花をつける。花弁は5枚、花の直径は6～8mm、花は日を受けて開く。

ヨウシュヤマゴボウ

ヤマゴボウ科ヤマゴボウ属
分布 (帰化植物)

洋種山牛蒡

北アメリカ原産の多年草。明治初期に渡来し、現在は都市周辺の空き地にふつうに見られる。茎は太く、赤味を帯び、高さ1～2mになる。6～9月に白色の小花を開く。果実は黒紫色に熟す。別名アメリカヤマゴボウ。

ドクダミ

ドクダミ科ドクダミ属

分布 本州、四国、九州、沖縄

草全体に特有の悪臭がある。民間薬として利用され、和名は毒痛みの意とも。別名ジュウヤクは10種類の薬効があるからとか。高さ15〜30cm。葉は心臓形で暗緑色。6〜7月、4枚の白い総苞の目立つ花を開く。

夏

ハンゲショウ

ドクダミ科ハンゲショウ属

分布 本州、四国、九州、沖縄

半夏生

和名は、7月初旬の半夏生のころに葉が白くなるからという。半化粧の意味という説もある。水辺に生える多年草で、高さ60〜100cmになる。葉は互生し、卵心形。6〜8月、白色の花を穂状につける。

エビネ

ラン科エビネ属
分布 日本全土

海老根

夏

　山林や竹林などに生える多年草。よく栽培もされ、園芸品種も多い。地下茎は節があって球状となり、連珠状になって横に這う。葉は根元に2〜3枚つく。5月ごろ、30〜40cmの花茎に白色または淡紫色の花をつける。

ナツエビネ

ラン科エビネ属
分布 北海道〜九州

夏海老根

　湿り気のある林内に生える多年草。高さ20〜40cmになる。葉は3〜5枚束生し、長さ10〜30cm、縦じわが目立つ。7〜8月、花茎の先に淡紫色の花を多数つける。和名はその花期にちなんだもの。

ネジバナ

ラン科ネジバナ属

分布 北海道〜九州

捩花

野原の芝地、山麓の日当たりのよい土手、庭の芝生などに生える多年草。高さ15〜40cm。根生葉は広線形。5〜9月、らせん状の穂状花序に桃紅色の花を多数つける。和名はねじれた花序による。別名モジズリ。

ウチョウラン

ラン科ハクサンチドリ属

分布 本州、四国、九州

羽蝶蘭

山地の湿った岩壁などに生える多年草。茎は高さ7〜20cm。葉は2〜3個つき、線形で長さ約10cm。6〜8月、茎の上部に紅紫色ときに白色の花を数個、一方に向けてつける。唇弁は長さ8mmほどで3深裂する。

クモラン

ラン科クモラン属
分布 本州(関東以西)〜沖縄

蜘蛛蘭

老木に着生する多年草。根はやや扁平で四方に張り出し、長さ2〜3cm、葉はほとんどない。6〜7月、長さ約1cmの花茎を数個出し、1〜3個の淡緑色の花をつける。花は長さ2mmほど。和名は全体の様子から。

モミラン

ラン科カシノキラン属
分布 本州、四国

樅蘭

モミ林などで樹木に着生する常緑の多年草。細い茎が張って長さ5〜10cmになる。葉は2列に並び、長さ約1cmで厚みがある。花序は葉に対生して出る。4〜5月、淡黄緑色に紅紫紋の入った小花を1〜5個つける。

ボウラン

ラン科ボウラン属　分布 本州(中部以西)、四国、九州

棒蘭

老木や岩上に生える常緑の着生植物。葉は同色の葉鞘に囲まれて茎と同じように見え、径3～4mmの円柱状で長さ7～10cm。7～8月、互生する葉の反対側から短い花序を出し、淡黄緑色に濃赤紫色を帯びる花を開く。

夏

ムカデラン

ラン科ムカデラン属　分布 本州(関東以西)、四国、九州

百足蘭

岩場や樹上に生える多年草。茎は所々の節から葉と同じ太さの太い気根を出す。葉は2列に平たく互生し、ほぼ円柱形で長さ約1cm。6～8月、葉の反対側から短い花茎を出し、直径約1cmの淡紅紫色の花を開く。

セッコク

ラン科セッコク属
分布 本州、四国、九州、沖縄

石斛

森林内の岩や老木の上に着生する多年草。茎は根元から多数束生し、高さ5～30cmになる。葉は広線形で長さ3～5cm、革質で、2～3年ついている。5～6月、白色または淡紅色を帯びた直径約3cmの花を開く。

ショウキラン

ラン科ショウキラン属
分布 北海道～九州

鐘馗蘭

樹林下に生え、葉緑素をもたない腐生植物。茎は直立し高さ10～30cm、乳白色にやや淡紅色を帯びる。葉は退化して鱗片状。7～8月、茎頂に淡紅色の花を数個開く。花は直径約3cm。花の形を鐘馗に見立てた和名。

サギソウ

ラン科ミズトンボ属

分布 本州、四国、九州

鷺草

　日当たりのよい湿地に生える多年草。しばしば観賞用に栽培される。高さ20〜50cm。葉は下部に集まり、互生して広線形。7〜8月、茎の先に直径3cmほどの純白の花を1〜4個つける。和名は花の様子から。

ダイサギソウ

ラン科ミズトンボ属

分布 本州（千葉県以西）〜沖縄

大鷺草

　サギソウに似て、より背が高い。日当たりのよい湿地に生え、高さ30〜60cmになる。下部の葉は大きく、長さ8〜10cm、上部では披針形で小さい。8〜10月、茎の先に総状花序を立て、白色の花を多数つける。

トキソウ

ラン科トキソウ属
分布 北海道〜九州

朱鷺草

夏

日当たりのよい湿原に生える多年草。茎は直立し、高さ10〜30cm。途中に長楕円形の葉を1枚つける。5〜7月、茎の先に紅紫色の花を1個開く。花は直径2cm。和名は花の色が朱鷺の羽の色（淡い桃色）に似るため。

ナギラン

ラン科シュンラン属
分布 本州（関東南部以西）〜沖縄

梛蘭

常緑樹林内に生える多年草。高さ10〜15cm。葉は1〜2枚、披針形で長さ約30cmあり革質。6〜7月、花茎の先に2〜4個の花をまばらにつける。花は白色にやや紫色を帯びる。和名は葉をマキ科のナギに例えた。

シラン

ラン科シラン属
分布 本州中南部〜沖縄

紫蘭

　湿り気のある河岸や湿地、水のしみ出す岩場などに生える多年草。栽培もされる。茎は高さ30〜70cm。葉はかたく革質で披針形、長さ20〜30cm。4〜6月、大型の紅紫色の花を3〜7個つける。

ガマ

ガマ科ガマ属
分布 北海道〜九州

蒲

　池や沼などの水辺に生える大型の多年草。茎は円柱形で高さ1.5〜2m。葉は線形で幅2cm。6〜8月、花穂をつける。雄花穂は上部で黄色、雌花穂は雄花穂と密接して下部につき、長さ15〜20cmの円柱状。

アヤメ

アヤメ科アヤメ属
分布 北海道〜九州

文目

よく似たノハナショウブやカキツバタは水湿地に生えるが、本種は乾燥した草原に多い。高さ30〜60cmになる多年草。葉は長さ30〜50cmの剣状線形で中脈は目立たない。5〜7月、茎の先に青紫色の花をつける。

ノハナショウブ

アヤメ科アヤメ属
分布 北海道〜九州

野花菖蒲

山野の湿原に生える多年草。高さ50〜120cmになる。葉は剣状で長さ20〜50cm、中脈は盛り上がり、太いすじとなる。6〜7月、直径10〜13cmの紫色の花を開く。観賞用のハナショウブは本種の改良品。

カキツバタ

アヤメ科アヤメ属
分布 北海道〜九州

杜若

　水湿地に生える多年草。和名は書付け花の転訛ではないかという。これは昔、この花の汁を布にこすりつけて染める行事があったことによる。葉は幅が広く、2〜3cmあり、中央部は盛り上がらない。花期は5〜6月。

キショウブ

アヤメ科アヤメ属
分布（帰化植物）

黄菖蒲

　ヨーロッパ、西アジア原産の多年草。明治時代に栽培のために渡来し、現在は各地の水辺に広く野生化している。葉は剣状で長さ60〜100cm、中脈が隆起して目立つ。5〜6月、花茎の先に黄色の花をつける。

ニワゼキショウ

アヤメ科ニワゼキショウ属
分布 (帰化植物)

庭石菖

北アメリカ原産の多年草で、明治年間に栽培植物として渡来、各地に野生化した。高さ10～20cmで葉は剣状。5～6月、茎の先端にある苞の間から2～5個の小柄を出して直径1.5cmの花を開く。花はふつう淡紫色。

キツネノカミソリ

ヒガンバナ科ヒガンバナ属
分布 本州、四国、九州

狐の剃刀

原野、山麓に生える多年草。葉はやや幅の広い線形で、夏のころには枯れる。8月ごろ、30～50cmの茎を立て、その先に黄赤色の花を3～5個つける。花被片は6枚でそり返らない。和名は葉の形に由来する。

ハマユウ

ヒガンバナ科ハマオモト属
分布 本州(関東南部以西)〜沖縄

浜木綿

　海岸の砂地に生える常緑の多年草。和名は白色の鱗茎を白い木綿に見立てたものという。葉は帯状で光沢があり、長さ40〜70cm。7〜9月、約70cmの花茎の先に芳香のある白色の花を開く。ハマオモトとも呼ばれる。

夏

ツユクサ

ツユクサ科ツユクサ属
分布 日本全土

花

露草

　道端、荒れ地などに生える1年草。高さ20〜50cmになる。葉は互生し、卵状披針形で長さ5〜7cm。6〜9月、2枚の緑色の苞葉にはさまれるような感じで青色の花を開く。苞葉は長さ2cmほど。

ヤマノイモ

ヤマノイモ科ヤマノイモ属
分布 本州、四国、九州、沖縄

山の芋

むかご

つる性の多年草で、地中に長い大きな円柱形の多肉根ができ、食用となる。葉は対生し、長い柄があり、長卵形。雌雄異株。7〜9月、穂状花序に白花をつける。葉のわきにむかごができ、これも食用になる。

オニドコロ

ヤマノイモ科ヤマノイモ属
分布 北海道〜九州

鬼野老

つる性の多年草。根茎は肥厚してかたく、食用とする地域もあるが、味は苦い。葉は互生し、円心形で長さ幅ともに4〜12cm。7〜8月、淡黄緑色の小花を花序につける。ヤマノイモに似るが、むかごはつかない。

イグサ

イグサ科イグサ属
分布 日本全土

藺草

山野の湿地に生える多年草。茎は円柱形で高さ70～100cm。6～9月、茎先の集散花序に小さな花をつける。畳表に使うのは栽培種。別名イ。茎の髄を燈心に使ったことからトウシンソウ（燈心草）とも呼ばれる。

ホンゴウソウ

ホンゴウソウ科ホンゴウソウ属
分布 本州（関東以西）～沖縄

本郷草

暗い林の下の落ち葉の間に生える多年生の腐生植物。茎は高さ3～13cm、きわめて細い。葉は鱗片状で長さ約1.5mm、茎とともに紫褐色。7～10月、長さ1～2cmの花序に4～15個の花をつける。花は1.5～2mm。

オオバギボウシ

ユリ科ギボウシ属
分布 北海道～九州

大葉擬宝珠

夏

山地の草原などに生える多年草。葉は長さ30～40cmの卵状楕円形で、根元から群がって出る。7～8月、その葉の集まりの中から花茎を立て、多数の白色～淡紫色の花をつける。花は長さ4～5cm。

コバギボウシ

ユリ科ギボウシ属
分布 北海道～九州

小葉擬宝珠

日当たりのよい、やや湿り気のあるところに生える多年草。葉は長楕円形で長さ10～20cm。7～8月、高さ40cmほどの花茎に長さ4～5cmの淡紫色の花をつける。この類のつぼみは橋の欄干などの擬宝珠に似る。

スカシユリ

ユリ科ユリ属
分布 本州（紀伊半島、新潟県以北）

透し百合

　海岸の砂浜や岩場に生える多年草。鱗茎は卵形で白色、苦みがない。茎は高さ20〜50cm。葉は披針形で長さ4〜10cm。6〜8月、上部に黄赤色の花を1〜4個つける。花被片の間にすき間があるのでこの名がある。

エゾスカシユリ

ユリ科ユリ属
分布 北海道

蝦夷透し百合

　スカシユリに似るが、それよりずっと大型で高さ約90cm。葉は披針形で長さ6〜10cm。6〜8月、茎先に1〜5個の黄赤色の花をつける。花被片の間にすき間があるのはスカシユリと同じ。つぼみに白色綿毛が多い。

ヤマユリ

ユリ科 ユリ属
分布 本州（近畿以東）

山百合

日本特産種。数あるユリの中で最も親しまれているが、分布は限られている。鱗茎は直径10cmほど。食用となる。茎は高さ1〜1.5mになり、葉は披針形で長さ10〜15cm。7〜8月、直径15〜20cmの白花を開く。

ウバユリ

ユリ科 ユリ属
分布 本州、四国、九州

姥百合

花時には葉が傷んでなくなることが多いのを、葉（歯）なしとして姥に例えた。山地の林下に生える多年草。葉は茎の中央に集まってつき、卵状長楕円形。7〜8月、長さ7〜10cmの緑白色の花を数個つける。

ササユリ

ユリ科ユリ属
分布 本州(中部以西)、四国、九州

笹百合

山地の草原に生える多年草。茎は高さ50〜100cm。葉は披針形で長さ10cmほど、あまり多くつかない。6〜7月、茎先に漏斗状鐘形で長さ10cmほどの淡紅色の花を横向きに開く。西日本の山地を代表するユリ。

夏

ヒメサユリ

ユリ科ユリ属
分布 本州(山形・福島・新潟県)

姫小百合

山地の草地に生える多年草。茎は高さ30〜80cmになる。葉は広披針形で長さ5〜10cm。6〜8月、茎の頂に数個の淡紅色で芳香のある花を横向きにつける。ササユリの葯は赤褐色だが、本種の葯は黄色を帯びる。

オニユリ

ユリ科ユリ属
分布 北海道〜九州

鬼百合

夏

　山野に生える多年草。古くに中国から渡来したのではと考えられている。観賞用として栽培もされる。鱗茎は黄白色で苦みがある。茎は高さ1〜1.5m。葉は披針形で、わきにむかごがつく。花は黄赤色で直径約10cm。

コオニユリ

ユリ科ユリ属
分布 北海道〜九州

小鬼百合

　山地に生える多年草。高さ1〜2mになる。鱗茎は白色、苦みがない。オニユリによく似るが、葉のわきにむかごがつかない。花はオニユリと同じく7〜8月に咲くが、オニユリよりやや小さいことなどで区別できる。

カノコユリ

ユリ科ユリ属 分布 四国、九州

鹿の子百合

山地の崖などに生える多年草。よく栽培もされる。鱗茎は苦みがある。高さ1～1.5mになり、葉は卵状披針形で長さ10～18cm。7～9月、茎先に径10cmほどの花を開く。花は白色で内面に紅色の斑点がある。

夏

エゾキスゲ

ユリ科ワスレグサ属 分布 北海道

蝦夷黄萱

北海道の海岸の草地や砂地に生える多年草。高さ50～80cmになる。葉は線形で長さ20～70cm。6～8月、鮮やかな黄色の花を4～12個次々と開く。花は直径7～8cm、夕方に開花し、翌日の午後に閉じる。

ノカンゾウ

ユリ科ワスレグサ属
分布 本州、四国、九州、沖縄

野萱草

野原や山麓に生える多年草。葉は広線形で長さ40〜70cm。7〜8月、約70cmの花茎を立てて上向きにつぼみをつけ、下から順に花を咲かせる。黄赤色のラッパ状の花は直径約7cm。一日花で、日中だけ開花する。

ヤブカンゾウ

ユリ科ワスレグサ属
分布 北海道〜九州

藪萱草

ノカンゾウとよく似て、同じような環境に生える。全体がノカンゾウよりやや大型で、花茎も60〜100cmになる。花はノカンゾウと違って八重咲き。本来は中国原産で、古い時代に渡来したものだろうといわれる。

エゾカンゾウ

ユリ科ワスレグサ属
分布 北海道、本州（東北）

蝦夷萱草

海岸や海岸近くの草原に生える多年草。葉は長さ60～70cm。6～8月、70cmほどの茎の先に橙黄色の花が数個つく。本州の亜高山帯草原のニッコウキスゲによく似る。本種は花柄がほとんどないが、区別は容易でない。

シオデ

果実

ユリ科シオデ属
分布 北海道～九州

山地や原野に生える多年生のつる草。緑色の茎は巻きひげがあり、他のものにからんで伸びる。葉は卵状楕円形で長さ5～15cm。7～8月、15～30個の淡黄緑色の花を球状の散形花序につける。液果は黒熟する。

ジャノヒゲ

ユリ科ジャノヒゲ属
分布 日本全土

蛇の鬚

種子

夏

　山野に生え、人家に植えられる多年草。葉は細長く、長さ10〜30cm。7〜8月、葉よりも短い花茎を出し、淡紫色〜白色の花を開く。種子は濃青色の球形で直径6〜7mm。和名は葉の様子による。別名リュウノヒゲ。

ノシラン

ユリ科ジャノヒゲ属
分布 本州(東海以西)〜沖縄

熨斗蘭

　海岸近くの林内に群生する多年草。葉は長さ30〜80cmの線形で、厚くて光沢がある。花茎は扁平で、狭い翼がある。花期は7〜9月。花は白色〜淡紫色で、総状に多数つく。種子は倒卵形、碧色に熟す。

ヒメヤブラン

ユリ科ヤブラン属
分布 日本全土

姫藪蘭

原野の日当たりのよい芝地などに多い小型の多年草。人工の芝生にもよく生える。葉は線形で長さ10〜20cm。7〜9月、葉より短い花茎を立て、その上部に淡紫色の小花を上向きに開く。種子は紫黒色に熟す。

夏

ヤブラン

ユリ科ヤブラン属
分布 本州、四国、九州、沖縄

藪蘭

林内の日陰に生える多年草。葉は深緑色で、長さ30〜50cmの線形。8〜10月、高さ30cmほどの花茎を立て、多数の淡紫色の小花をつける。種子は直径6〜7mm、紫黒色に熟す。

ギョウジャニンニク

行者忍辱

ユリ科ネギ属
分布 北海道、本州

夏

深山の林下に生える多年草。地下の鱗茎はにおいが強いが食用となり、行者が疲れをとるために食べるという。葉はふつう2枚で長さ20〜30cmの楕円形。6〜7月、40〜70cmの茎の先に散形花序に白花をつける。

チガヤ

千茅

イネ科チガヤ属
分布 日本全土

河原や土手などによく群生している多年草。根茎は白く、漢方で利尿剤などに用いられる。茎は高さ30〜70cm。葉は線形で茎とともに立ち、長さ20〜50cm。4〜6月、長く伸びた茎の先に銀白色の花穂をつける。

秋の野草・雑草
9月〜12月

ヨメナ 嫁菜

キク科ヨメナ属
分布 本州(中部以西)、四国、九州

カントウヨメナ

やや湿ったところに生える多年草。高さ50〜120cm。7〜10月の頭花は直径約3cmで淡紫色。痩果は長さ3mmの倒卵形。関東以北のカントウヨメナは葉がやや薄く、つやがある。痩果も小さく、冠毛は短い。

秋

ユウガギク 柚香菊

キク科ヨメナ属
分布 本州(近畿以東)

草地や道端に生える多年草。高さ10〜140cm。葉は薄く、鋭く裂けるか羽状に中裂。7〜10月、直径約2.5cmの頭花を開く。舌状花は白色でやや淡紫色を帯びる。ヨメナに似るが、葉がより薄く、深く切れこむ。

オオバヨメナ

キク科ヨメナ属　分布 四国、九州

大葉嫁菜

山地のやや湿ったところに生える多年草。茎は細く、高さ30〜90cmになる。葉は卵心形で長さ4〜9cm。8〜10月、長柄の先に少数の舌状花をもつ白花をつける。総苞は半球形で長さ3mmほど。

秋

ノコンギク

キク科シオン属　分布 本州、四国、九州

野紺菊

山野にごくふつうに生える多年草。高さ50〜100cm。葉は互生、長楕円形で粗い鋸歯がある。8〜11月、直径約2.5cmの淡青紫色の頭花を開く。ヨメナ属に似るが、本種は瘦果に4〜6mmの長い冠毛がある。

139

シラヤマギク

キク科シオン属
分布 北海道～九州

白山菊

秋

丘陵や山地に生える多年草。高さ1～1.5m。茎、葉ともにざらざらした毛がある。葉は互生し、洋紙質で心臓形。8～10月、直径2cmほどの白色頭花を開く。舌状花は少ない。春の若苗をムコナと呼び、食用となる。

シオン

キク科シオン属
分布 本州(中国地方)、九州

紫苑

山地の湿った草地に生える多年草。庭園に植えられることも多い。高さ1～2mになる。根生葉は花時にはないが、大型のへら状長楕円形で長さ60cmにもなる。8～10月、直径3～3.5cmの淡青紫色の頭花をつける。

リュウノウギク

キク科キク属
分布 本州、四国、九州

竜脳菊

日当たりのよい山地や丘陵の崖などに生える多年草。高さ30〜90cmになる。葉は広卵形で3中裂し、裂片はさらに浅裂する。10〜11月、直径3〜4cmの白色頭花を開く。和名は茎や葉に竜脳に似た香りがあることから。

ノジギク

キク科キク属
分布 本州（兵庫県以西）、四国、九州

野路菊

海沿いの崖などで高さ60〜90cmになる多年草。葉は長さ3〜5cmの広卵形で5中裂、ときに3中裂し、質はやや厚く、裏面は灰白色。10〜12月に直径3.5〜4.5cmの頭花を開く。舌状花は白色で、のち淡紅色を帯びる。

アワコガネギク

キク科キク属
分布 本州、九州

泡黄金菊

秋

　山地のやや乾いた崖などに生える多年草。茎は高さ70〜150cmになる。葉は互生し、栽培ギクに似るが質は薄い。10〜11月、黄色の頭花を多数つける。別名のキクタニギクは京都東山の地名、菊渓に由来する。

シマカンギク

キク科キク属
分布 本州(近畿以西)、四国、九州

島寒菊

　日当たりのよい山麓に生え、地下茎は横に伸びて新苗をつくる。高さ30〜80cm。葉は長さ3〜5cmで5中裂する。10〜12月に直径2.5cmほどの頭花をつける。島の名前を冠するが山地性。アブラギクの別名がある。

イソギク

キク科キク属
[分布] 本州(千葉県〜静岡県)

磯菊

　海岸の岩場に生える多年草。高さ20〜30cm。葉は密に互生し、長さ4〜8cmの倒披針形で厚く、上半部は羽状に裂けることが多い。10〜11月、直径5〜6mmの黄色の頭花をつける。ふつう筒状花だけからなる。

秋

シオギク

キク科キク属
[分布] 四国

キノクニシオギク

潮菊

　室戸岬を中心に、西は高知県物部川、東は徳島県蒲田岬までの海岸の崖などに生える多年草。イソギクより大型で高さ30〜40cm、頭花の径8〜10mm。三重県と和歌山県の海岸にはその中間のキノクニシオギクがある。

ハマギク

キク科キク属
分布 本州（茨城県以北）

浜菊

太平洋側の海岸の崖や砂地に生える亜低木。高さ0.5〜1m、茎は太く、木質化する。葉は密に互生し、長さ5〜9cmのへら形で厚く、表面に光沢がある。10月ごろ、直径6cmほどの頭花をつける。舌状花は白色。

コハマギク

キク科キク属
分布 北海道、本州（茨城県以北）

小浜菊

太平洋側の海岸に生える多年草。茎は叢生し、高さ10〜50cmになる。根生葉と下部の葉は長柄があり、広卵形で、長さ幅とも1〜4cm、5中裂する。9〜11月、白色の舌状花をもつ直径約5cmの頭花をつける。

ヤマジノギク

キク科ハマベノギク属　分布 本州(東海以西)・四国・九州

山路野菊

　日当たりのよい乾いた草地に生える2年草。高さ30〜100cmになり、根生葉は花時には枯れる。茎葉は長さ5〜7cmの倒披針形。9〜11月、上部の枝先に散房状に直径2.5〜3.5cmの頭花をつける。花冠は淡紫色。

秋

ヤクシソウ

キク科オニタビラコ属　分布 北海道〜九州

薬師草

　山地の日当たりのよいやや乾いたところに生える2年草。全体に無毛で、よく枝分かれし、高さ30〜120cmになる。茎葉は互生し、長さ5〜10cmの倒卵形。8〜11月、直径約1.5cmの黄色の頭花をつける。

センダングサ

キク科センダングサ属
分布 本州、四国、九州

栴檀草

葉の形が樹木の栴檀の葉に似ることからこの名がある。高さ30～150cmになる1年草。下部の葉は対生し、1～2回羽状複葉、上部では互生。9～10月、黄色の頭花をつける。頭花には1～5個の舌状花がある。

コセンダングサ

キク科センダングサ属
分布 (帰化植物)

小栴檀草

世界の暖帯から熱帯に広く分布し、原産地ははっきりしない。茎は高さ50～110cmになり、葉は下部では対生、上部では互生し、3全裂または羽状に全裂する。9～11月、舌状花のない黄色の頭花をつける。

タチアワユキセンダングサ

キク科センダングサ属　立泡雪栴檀草

分布 (帰化植物)

シロノセンダングサ

北アメリカ原産の1年草。四国、九州、特に沖縄に多く生える。白い舌状花をもつ頭花は直径3cmほど。なお、本州中部以西には、本種によく似ているが、ごく小さい白い舌状花をもつシロノセンダングサがある。

秋

ヨモギ

キク科ヨモギ属　蓬

分布 本州、四国、九州、小笠原

若葉

山野にふつうに見られる多年草。若葉を草もちの材料とするため、モチグサと呼ばれることも多い。地下茎を伸ばしてふえ、茎は高さ50～100cmになる。葉は互生し、羽状に深裂。9～10月、淡褐色の頭花をつける。

147

オオニガナ

キク科フクオウソウ属
分布 本州（近畿以北）

大苦菜

秋

　やや湿り気のあるところに生え、高さ1mほどになる。葉は翼のある長柄があり、長さ5〜8cmの三角状で、羽状に中〜深裂する。花期は9〜11月。頭花は20〜25個の小花からなり、直径約4cm、円錐状につく。

テイショウソウ

キク科モミジハグマ属
分布 本州（千葉県〜近畿）、四国

頭花

　山地の木陰に生える多年草。高さ30〜60cmになる。葉は下部に4〜7個集まってつき、卵状ほこ形で10〜15cm。頭花は総状につき、花柄は長さ2〜3mm、3個の小花からなり、花冠は白色で長さ1.5〜2cm。

クサヤツデ

キク科モミジハグマ属

分布 本州(神奈川県以西)〜九州

草八手

山地の木陰に生える多年草で、地下茎は横に這う。茎は高さ40〜100cmになる。葉は長さ5〜7cmの掌状で、裂片は5〜7個。頭花は黒紫色で下向きにつき、直径5mmほど。花冠は5裂し、裂片はそり返る。

秋

モミジガサ

キク科コウモリソウ属

分布 北海道〜九州

若葉

紅葉傘

山地の林下に生える多年草。茎は高さ90cmほどになる。葉は互生し、掌状で5〜7中裂する。8〜10月、茎の上部で枝分かれし、白色の頭花をつける。和名は葉の形による。若葉は山菜として盛んに利用される。

カシワバハグマ

キク科コウヤボウキ属
分布 本州、四国、九州

柏葉白熊

秋

山地の乾いた木陰に生える多年草で、高さ30〜70cmになり、分岐しない。葉は茎の中央部に集まり、長さ10〜20cmの卵状長楕円形。9〜11月、穂状に頭花をつける。頭花は10個ほどの白い小花よりなる。

ガンクビソウ

キク科ガンクビソウ属
分布 本州、四国、九州、沖縄

雁首草

頭花が茎の先に曲がってつく姿が煙管(きせる)の雁首を思わせることからの名。高さ30〜60cmになる多年草。葉は互生し、卵状楕円形。8〜10月、直径6〜8mmの黄色の頭花を開く。別名キバナガンクビソウ。

ヒヨドリバナ

キク科フジバカマ属
分布 北海道〜九州

鵯花

　山地にふつうに見られる多年草。高さ1〜2m。葉は卵状長楕円形で長さ10〜18cm。8〜10月、白色またはやや紫色を帯びた頭花が散房状につく。総苞は長さ約6mm。和名はヒヨドリの鳴くころ花が咲くためという。

秋

フジバカマ

キク科フジバカマ属
分布 本州(関東以西)、四国、九州

藤袴

　秋の七草の一つ。河岸の土手などに生える多年草。本来は中国から渡来したといわれる。乾燥すると香気がある。高さ1〜2m。葉は対生し、3深裂するが、上部の葉は裂けない。8〜9月、淡紅紫色の頭花をつける。

151

アキノキリンソウ

キク科アキノキリンソウ属
分布 北海道〜九州

秋の麒麟草

日当たりのよい山地、丘陵地に生える多年草。高さ30〜80cm。葉は互生し、披針形で長さ4〜9cm、縁には鋸歯がある。8〜11月、茎先に穂状をなしてたくさんの黄色の頭花をつける。頭花は直径1.2〜1.4cm。

セイタカアワダチソウ

キク科アキノキリンソウ属
分布 (帰化植物)

背高泡立草

北アメリカ原産の多年草。繁殖力が強く、戦後、各地に広まった。鉄道沿い、休耕田、河原などに多い。名前の通り茎は高く、約2.5mになる。10〜11月、20〜50cmの大きな円錐形の花序に黄色の頭花をつける。

ヒメムカシヨモギ

キク科 ムカシヨモギ属 分布(帰化植物)

姫昔蓬

　北アメリカ原産の2年草。明治初めに渡来し全国に広がった。茎は直立し、花序の部分以外は枝を分けず、高さ80〜180cm。根生葉はへら形、茎葉は細長い。8〜10月、直径約2.5mmの頭花をつける。舌状花は白色。

オオアレチノギク

キク科 ムカシヨモギ属 分布(帰化植物)

大荒地野菊

　南アメリカ原産の2年草。姿はヒメムカシヨモギによく似るが、頭花がより大きく直径3.5mmほど。舌状花が小さく、総苞の中にあって外から見えない。葉がヒメムカシヨモギの明るい緑色に対して灰緑色をしている。

オナモミ

キク科オナモミ属 分布 日本全土

秋

道端や荒れ地に生える1年草。近年は外来のオオオナモミに押しやられ、各地で少なくなっている。高さ1mほどになり、葉は三角状卵形で長さ6〜15cm。8〜10月、黄緑色の頭花をつけ、花後、楕円形の実をつける。

オオオナモミ

キク科オナモミ属 分布 (帰化植物)

北アメリカ原産の1年草。高さ50〜100cmになる。オナモミより大型。花後の楕円形の実はオナモミは長さ8〜14mmだが、こちらは20〜25mm。またオナモミは実の面に腺毛や立毛があるが、本種はほとんど無毛。

メナモミ

キク科メナモミ属 分布 北海道〜九州

雌ナモミは、同じキク科の雄ナモミに対する名で、それより弱々しい感じがすることによる。茎は高さ1mほど。葉は卵円形で長さ8〜18cm。9〜10月につける頭花は、周りにへら形の総苞があり、これが粘る。

秋

コメナモミ

キク科メナモミ属 分布 日本全土

山野の荒れ地や道端に多い1年草。メナモミに比べ全体が小型なのでこの名がある。高さ50〜80cmになる。茎および葉にはメナモミのような立毛はなく、短い伏毛があるのみ。9〜10月、黄色の頭花を開く。

ブタクサ

キク科ブタクサ属
分布（帰化植物）

豚草

北アメリカ原産の1年草。花粉症の原因ともなる。高さ30〜150cm。葉はやわらかく、2〜3回羽状に裂ける。下部の葉は対生し、上部は互生。7〜10月に花穂を直立。雄花は上部に、雌花はその下につく。

オオブタクサ

キク科ブタクサ属
分布（帰化植物）

大豚草

その名の通りブタクサの大型で、高さ3mぐらいになる1年草。原産地の北アメリカでは6mにもなるという。葉はすべて対生し、卵形で掌状に3〜5裂する。葉が桑の葉に似るのでクワモドキの別名がある。

キクイモ

キク科ヒマワリ属 **分布**（帰化植物）

菊芋

塊茎

　北アメリカ原産の多年草。高さ1.5～3m。葉は卵形。花期は8～10月。頭花は直径6～8cm、10～20個の橙黄色の舌状花よりなる。地下に大きな塊茎ができる。よく似て河原に多いイヌキクイモは塊茎が小さい。

秋

ベニバナボロギク

キク科ベニバナボロギク属 **分布**（帰化植物）

紅花襤褸菊

　アフリカ原産の1年草。戦後、各地に広がり出した。茎は上部でよく分枝し、高さ約70cm。葉は互生し、長さ10～20cmの倒卵状長楕円形。7～10月、枝先に総状に頭花がつき、下垂して咲く。花冠上部はレンガ色。

157

ノハラアザミ

キク科アザミ属
分布 本州（中部以北）

野原薊

乾いた草地、土手などに多い多年草。茎は高さ1mほど。根生葉は花時にも残り、披針状長楕円形で長さ30cmほど。8〜10月、茎の先に紅紫色の頭花を直立してつける。総苞片は斜上し、粘着しない。

秋

ツワブキ

キク科ツワブキ属
分布 本州（福島・石川県以西）〜沖縄

石蕗

海岸近くに多い常緑の多年草。高さ30〜70cmになる。葉は腎円形、表面は深緑色で光沢がある。10〜12月、茎先に直径約5cmの黄色の頭花をつける。葉がフキに似てつやがあり、ツヤブキが転訛した和名という。

ハキダメギク

キク科コゴメギク属
分布 (帰化植物)

掃溜菊

熱帯アメリカ原産の1年草。和名のように窒素分の多いごみ捨て場、畑のわきなどに多い。茎は全面に開出毛が多く、高さ15〜40cmになる。葉は対生。花期は7〜11月。頭花は直径5mmほどで白色、舌状花は5個。

秋

アマチャヅル

ウリ科アマチャヅル属
分布 日本全土

甘茶蔓

山野の林縁などに生える多年生のつる草。巻きひげで他のものにからむ。葉は互生し、5〜7枚の小葉からなる。8〜9月に黄緑色の小花を開く。液果は球形で径6〜8mm、黒緑色に変わり、上半部に環状のすじがある。

159

キキョウ

キキョウ科キキョウ属
分布 北海道〜九州

桔梗

秋

　山地の草原に生える多年草。古くから栽培もされる。茎は高さ約1m、傷つけると白液が出る。葉は互生し、長卵形。7〜9月、直径4〜5cmの青紫色の花を開く。秋の七草でいうアサガオは本種であるといわれる。

ツリガネニンジン

キキョウ科ツリガネニンジン属
分布 北海道〜九州

若芽

釣鐘人参

　山野や高原などに生える多年草。茎は高さ60〜100cmになる。根生葉は花時には枯れる。茎葉は輪生し、卵状楕円形。8〜10月、鐘形で青紫色の花を円錐花序につける。若葉をトトキと呼び、山菜として利用。

アカネ

アカネ科アカネ属 分布 本州、四国、九州

茜

つる性の多年草。根は太いひげ状で、黄赤色をしている。これは古くに染料として使われた。茎は四角形で下向きのとげがあり、他のものにからみつく。葉は4枚輪生のようになる。8～9月、淡黄緑色の小花を開く。

秋

ヘクソカズラ

アカネ科ヘクソカズラ属 分布 日本全土

屁糞蔓

葉や茎、花、実をもんでかぐといやなにおいがすることからの名。花の中央が赤く、お灸の跡に似ることからヤイトバナの別名もある。葉は楕円形で対生。8～9月、長さ2cmの漏斗形の花を開く。実は黄褐色。

オミナエシ

オミナエシ科オミナエシ属
分布 北海道〜九州

女郎花

秋

秋の七草の一つ。日当たりのよい山地の草原に生える多年草。高さ1mほどになる。8〜10月、枝分かれした茎の上部に多数の黄色の小花をつける。花冠は先が5裂し、直径3〜4mm、雄しべは4本。

オトコエシ

オミナエシ科オミナエシ属
分布 北海道〜九州

男郎花

オミナエシに比べ、茎は太く、葉も大型、全体に毛を密生する。山野にふつうに生える多年草。茎は高さ60〜100cm。株元から長い走出枝を出して新苗をつくる。花は白色で8〜10月に咲く。

マツムシソウ

マツムシソウ科マツムシソウ属　分布　北海道〜九州

松虫草

　山地の草原に生える2年草。高さ60〜90cm。葉は対生で羽状に分裂する。8〜10月、直径2.5〜5cmの紫色の頭花を開く。頭花は多数の小花からなるが、周りをとりまく小花だけ先が5裂し、外側の裂片が大きい。

秋

ナンバンギセル

ハマウツボ科ナンバンギセル属　分布　日本全土

南蛮煙管

　1年生の寄生植物で、ススキ、ミョウガ、サトウキビなどの根に寄生する。花の形を南蛮渡来の煙管に例えた。8〜10月、12〜20cmの花茎を立て、その先に淡紫色の花を横向きにつける。花は筒状で長さ3〜4cm。

シオガマギク

ゴマノハグサ科シオガマギク属
分布 北海道〜九州

塩竈菊

トモエシオガマ

山地の草原に生える多年草。高さ50cmほどになる。葉は重鋸歯のある狭卵形で長さ4〜9cm。8〜9月、紅紫色、長さ2cmほどの花を茎の上部につける。茎の先で花が巴形に咲くものをトモエシオガマという。

シモバシラ

シソ科シモバシラ属
分布 本州(関東以西)、四国、九州

霜柱

氷柱

山地の木陰に生える多年草。茎は高さ40〜70cm。葉は対生し、長さ8〜20cmの広披針形。9〜10月、枝の上部の葉のわきに長さ6〜9cmの花穂を出し、白花をつける。冬、枯れた茎に霜柱のような氷柱ができる。

テンニンソウ

シソ科テンニンソウ属 分布 北海道、本州、四国

天人草

山地の草原や落葉樹内に生える多年草で、基部は木質化する。茎は高さ50〜100cm、葉は長さ3〜9cmで先はとがる。9〜10月、茎先の花穂に淡黄色の唇形花を密につける。天人草の意味ははっきりしない。

秋

ミカエリソウ

シソ科テンニンソウ属 分布 本州（福井県以西）

見返り草

山地の木陰に生え、高さ40〜100cmになる小低木。葉は楕円形〜長楕円形で長さ10〜20cm、鈍い鋸歯がある。9〜10月、茎の頂に細長い花穂を出し、淡紅色の唇形花を多数密につける。分果は長さ3〜3.5mm。

165

アキチョウジ

シソ科ヤマハッカ属
分布 本州（岐阜県以西）〜九州

秋丁字

山地の木陰に生える多年草。高さ60〜90cm、稜に下向きの毛がある。葉は対生し長さ7〜15cmの狭卵形。8〜10月、細毛のある短い花茎の先に長さ2cmほどの青紫色の花を開く。和名は花の形が丁字形になるため。

セキヤノアキチョウジ

シソ科ヤマハッカ属
分布 本州（関東、中部）

関屋の秋丁字

関屋とは、本種が箱根に産することからそこに縁のある関屋を冠したものといわれる。山地の木陰に生える多年草。全体はアキチョウジに似るが花柄が細長く、無毛で、萼の裂片が細長く鋭くとがるなどの特徴がある。

キバナアキギリ

シソ科アキギリ属
分布 本州、四国、九州

黄花秋桐

　山地の木陰に生える多年草。高さ20〜40cmになる。葉は対生し、三角状ほこ形で鋸歯がある。8〜10月、茎先の花穂に長さ2.5〜3.5cmの黄色の花を開く。中部〜近畿にかけて、紅紫色の花をつけるアキギリがある。

秋

カリガネソウ

クマツヅラ科カリガネソウ属
分布 北海道、本州、四国

雁金草

　山地や原野の林縁などに生える多年草で、強い臭気がある。高さ1mほどになる。葉は対生し、広卵形で長さ8〜13cm。8〜9月、葉腋からの集散花序に青紫色の花をまばらにつける。和名は花の様子を雁金に見立てた。

167

ダンギク

クマツヅラ科カリガネソウ属

分布 九州（北部）、対馬

段菊

秋

日当たりのよい草地に生える多年草。よく栽培もされている。茎は高さ50cmほどになり、木質化する。葉は対生し、長さ3〜6cmの卵形。9〜10月、葉のつけ根に長さ7mmほどの紫色の小花をびっしりつける。

ネナシカズラ

ヒルガオ科ネナシカズラ属

分布 日本全土

根無葛

山野に生える1年生の寄生植物。初めは地上に生えるが、すぐに他の茎などにまつわり、そこから養分をとる。葉は小さな鱗片に退化している。8〜10月、穂状花序に白色の小花をつける。花は鐘形で長さ約4mm。

センブリ

リンドウ科センブリ属
分布 北海道〜九州

千振

民間の胃腸薬として知られ、煎じて飲むと苦みが強く、千回振り出してもまだ苦みがあることからこの名がある。日当たりのよい草地に生える多年草。茎は高さ20〜25cm。9〜11月、淡い紫色のすじのある白花を開く。

秋

ソナレセンブリ

リンドウ科センブリ属
分布 本州(伊豆半島)、伊豆七島

磯馴千振

海岸の風の当たる斜面に生える1年草。茎は下部で分岐し高さ約10cm。葉は対生、へら形で長さ1.5cm、多肉質で光沢がある。10〜11月、紫色のすじが目立つ黄白色の花を開く。花冠は5深裂、裂片は長さ1.5cm。

アケボノソウ

リンドウ科センブリ属
分布 北海道〜九州

曙草

山地のやや湿ったところに生える2年草。茎は高さ50〜80cm。葉は長さ5〜12cmの卵状楕円形。花期は9〜10月、花冠は深く5裂し、裂片に直径1.5mmほどの蜜腺溝が2個、緑紫色の斑点が多数ある。

秋

リンドウ

リンドウ科リンドウ属
分布 本州、四国、九州

竜胆（りゅうたん）

秋の山野を代表する植物の一つ。高さ20〜80cmになる多年草。葉は対生し、卵状披針形でややざらつく。花期は9〜11月。花は青紫色、鐘形で長さ4〜5cm。漢名は竜胆で、和名はその音に由来する。

アサマリンドウ

リンドウ科リンドウ属
分布 本州（紀伊半島南部、中国地方）〜九州

朝熊竜胆

　山地の林内に生える高さ10〜25cmの多年草。葉は対生、長楕円形で長さ3〜8cm。花は青紫色で長さ4〜5cm、茎頂と上部の葉腋につく。萼筒は長さ約1cm、裂片は卵形で平開する。和名は三重県朝熊山に由来。

秋

ツルリンドウ

リンドウ科ツルリンドウ属
分布 北海道〜九州

蔓竜胆

　山地や丘陵の木陰に生えるつる性の多年草。茎は地を這い、または他のものにからまる。葉は対生し、長さ3〜5cmの長卵形。8〜10月、長さ3cmほどの淡紫色の花を開く。果実は液果で、紅紫色に熟す。

ハマサジ

イソマツ科イソマツ属

分布 本州（太平洋側）

浜匙

浜辺に生え、葉が匙に似た形をしていることからの名。高さ30〜50cmの2年草。葉は根元に集まり、長さ8〜17cmの長楕円状へら形。9〜11月、葉の中心から茎を立て、黄色の花を穂状につける。萼は白色。

イソマツ

イソマツ科イソマツ属

分布 伊豆七島、屋久島、沖縄、小笠原

磯松

海岸の岩の間に生える低木状の多年草。茎は太く短くて斜上する。葉は厚く倒披針形で長さ1.5〜5cm。8〜9月、高さ7〜15cmの花茎を出し、多数の小穂を円状につける。花冠は筒状で紅紫色、萼は白色。

ツリフネソウ

ツリフネソウ科ツリフネソウ属
分布 北海道～九州

釣舟草

山麓の水辺などに生える1年草。茎は紅紫色を帯び、高さ50～80cmになる。葉は互生し、広披針形、8～10月、茎の先の花柄に数個の花をつける。花は紅紫色、距はふくれて後ろに長くつき出し、先端が巻く。

秋

オオニシキソウ

トウダイグサ科トウダイグサ属
分布 (帰化植物)

大錦草

北アメリカ原産の1年草。北関東以西に広く帰化している。茎は淡紅色を帯び、斜上して高さ20～40cmになる。葉は長さ1.5～3.5cmの長楕円形。6～10月、枝の分岐点と茎頂に杯状花序をつける。蒴果は無毛。

ニシキソウ

トウダイグサ科トウダイグサ属
分布 本州、四国、九州

錦草

秋

緑色の葉と赤い茎を錦に例えた和名。畑や庭、空地に生える1年草。茎は長さ10〜25cm、枝分かれして地面を這う。葉は対生し長さ4〜10mmの長楕円形。7〜10月に淡赤紫色の杯状花序をまばらにつける。

コニシキソウ

トウダイグサ科トウダイグサ属
分布 (帰化植物)

小錦草

北アメリカ原産の1年草。各地にふつうに見られ、ニシキソウによく似るが、それよりはるかに多い。本種は、葉の表面に暗紫色の斑紋が出ること、花後の卵状球形の蒴果に白色の伏毛を密生することなどが特徴。

ヨツバハギ

マメ科ソラマメ属
分布 北海道〜九州

四葉萩

山地の草原などに生える多年草で、高さ30〜80cmになる。葉は4〜8枚の小葉を対生してつける。小葉は広楕円形で長さ2.5〜5cm、葉質はややかたい。花期は7〜10月、2〜8cmの花序に紅紫色の花を多数つける。

秋

ツルフジバカマ

マメ科ソラマメ属
分布 北海道〜九州

蔓藤袴

山野に生えるつる性の多年草。葉は長さ15cmになり、先端は巻きひげとなる。小葉は互生し長楕円形で長さ1.5〜3.5cm、10〜16枚ある。花は一方に片寄って密につき、紅紫色で長さ1.2〜1.5cm。花期は8〜10月。

クズ

マメ科クズ属
分布 日本全土

葛

　秋の七草の一つ。根からとる葛粉の産地・大和国の国栖(くず)地方に由来する名という。山野に生えるつる植物で、葉は3小葉。8〜9月、葉のわきからの花序に紫赤色の蝶形花をつける。北アメリカなどに帰化している。

秋

ゲンノショウコ

フウロソウ科フウロソウ属
分布 北海道〜九州

現の証拠

赤花

　下痢止めなどの民間薬として有名。はじけた実の形が神輿(みこし)の屋根のように見えるので、ミコシグサの別名がある。高さ30〜50cmになる多年草。葉は掌状。花は7〜10月、東日本では白花、西日本では赤花が多い。

ダイモンジソウ

ユキノシタ科ユキノシタ属
分布 北海道～九州

大文字草

　山地の湿り気のある岩上などに生える多年草。葉は根生して長柄があり、腎円形で長さ3～15cm、掌状に浅く裂ける。7～10月、10～30cmの花茎を出して5弁の白花を開く。和名は花の形が大の字をあらわすため。

ジンジソウ

ユキノシタ科ユキノシタ属
分布 本州（関東以西）～九州

花

人字草

　山地の岩壁に生える多年草。根生葉は長さ5～15cmの柄をもち束生し、長さ5～15cmの腎円形で7～11中裂する。9～11月、10～35cmの花茎の先に白色の5弁花をつける。和名は花の形が人の字に見えるため。

ウメバチソウ

ユキノシタ科ウメバチソウ属
分布 北海道〜九州

梅鉢草

秋

　花の形が天満宮の紋章の梅鉢紋に似ることからの名。山地の、日当たりがよく湿り気のあるところに生える多年草。根生葉は広卵形。8〜10月、10〜40cmの茎先に直径2.5cmの白花を開く。糸状の仮雄しべがある。

タコノアシ

ベンケイソウ科タコノアシ属
分布 本州、四国、九州

蛸の足

　和名は、花や実が花序の枝に並んだ様子をタコの吸盤のついた足に見立てた。湿地や沼、河岸に生える多年草。高さ30〜80cm。葉は互生し、長さ3〜10cmの狭披針形。8〜9月、直径約5mmの花を花序につける。

ツメレンゲ

ベンケイソウ科イワレンゲ属
分布 本州（関東以西）、四国、九州

爪蓮華

秋

　暖地の岩上などに生える多年草。葉は多肉質でロゼット状につき、長さ3〜6cmの披針形で先端は針状にとがる。9〜11月、ロゼット状の葉の中心から8〜30cmの塔状の茎を伸ばし、多数の白花をつける。

シュウメイギク

キンポウゲ科イチリンソウ属
分布 本州、四国、九州

秋明菊

　各地の山野に生えるが、古くに中国から渡来し、野生化したものだろうといわれる。高さ約80cmの多年草。花期は9〜10月、花は紅紫色で直径5cmほど。別名にキブネギクがあり、これは京都の貴船町に由来する。

ヤマトリカブト

キンポウゲ科トリカブト属
分布 本州（東北～中部）

山鳥兜

秋

　山地の林下に生える多年草。有毒、特に塊茎は猛毒。茎は直立し、高さ80～150cm。葉は互生し、円心形で3～5裂する。8～10月、茎先に長さ約3cmの青紫色の花をつける。和名は花の形を舞楽の冠に例えたもの。

フシグロセンノウ

ナデシコ科センノウ属
分布 本州、四国、九州

節黒仙翁

　山地の林下に生える多年草。茎は高さ40～90cm、節が紫黒色を帯びる。仙翁は京都の嵯峨野にあったという寺の名。葉は対生し、披針状卵形で長さ4～15cm。8～10月、茎先に朱赤色の直径5cmほどの花を開く。

エンビセンノウ
燕尾仙翁

ナデシコ科センノウ属
分布 北海道、本州(長野・埼玉県)

　山地の湿原に生える多年草。高さ40〜80cmになる。葉は披針形で長さ3〜7cm、基部は茎を抱く。8月ごろ、茎の頂に紅橙色の花を開く。花弁は5個で、先端が細裂する。和名はその花弁が燕尾を思わせることによる。

秋

マツモトセンノウ
松本仙翁

ナデシコ科センノウ属
分布 本州(岡山県以西)、九州

　和名は長野県松本市で発見されたからというが、これは疑問。山地の草原に生える多年草。高さ30〜80cm。葉は対生し無柄で、毛を散生する。7〜9月、深紅色の5弁花を開く。花弁の先端は2浅裂し、歯牙がある。

カワラナデシコ

ナデシコ科ナデシコ属
分布 本州、四国、九州

河原撫子

秋

秋の七草の一つ。河原に多いのでこの名があるが、本種は一般にナデシコとも呼ばれる。高さ30〜100cmになる多年草。葉は対生し、線形で長さ3〜10cm。7〜10月、茎の先に5花弁の淡紅色の花をつける。

ザクロソウ

クルマバザクロソウ

ツルナ科ザクロソウ属
分布 本州、四国、九州、沖縄

柘榴草

畑や庭、道端に多い1年草。高さ10〜25cm。長さ1〜3cmの披針形の葉は3〜5枚ずつつく。7〜10月、黄緑色の小花を開く。本種によく似た、熱帯アメリカ原産のクルマバザクロソウは節に5〜7枚の葉がつく。

アカザ

アカザ科アカザ属

分布 日本全土

藜

シロザ

原野に見られる1年草。直立して多くの枝を分け、高さ60〜150cm。葉は三角状卵形で長さ3〜6cm。黄緑色の小花は8〜10月。若葉の表面は赤い粉をまぶしたようになる。仲間のシロザは白い粉をまぶしたよう。

秋

アッケシソウ

アカザ科アッケシソウ属

分布 北海道、本州(宮城県)、四国

厚岸草

満潮時に海水をかぶるような塩湿地に生える1年草。北海道厚岸で発見され、この名がある。高さ10〜35cm、肉質で節が多い。葉は鱗片状に退化。8〜9月、上部の節に花をつける。秋には全体が赤く色づく。

イタドリ

タデ科イタドリ属
分布 日本全土

虎杖

芽ぶき

秋

荒れ地や新しく崩れた崖などにふつうに生える多年草。春の芽ぶきの茎は山菜とされる。茎は高さ30～150cmになる。7～10月、枝先の花穂に多数の白色の小花を密につける。翼のついた果実も白っぽい。

ミゾソバ

タデ科イヌタデ属
分布 北海道～九州

溝蕎麦

山野の水辺に多い1年草。茎は地面を這い、上部は立ち上がって高さ30～80cm、下向きのとげがある。葉は互生、ほこ形で長さ3～12cm。8～10月、枝先に頭状の花穂をつけ、10個ほどの淡紅色の花を集める。

イヌタデ

タデ科イヌタデ属
分布 日本全土

犬蓼

道端や野原に多い1年草。各地で古くからアカマンマの呼び名で親しまれ、子どものままごと遊びに使われた。高さ20～50cm。葉は長さ3～8cmの広披針形。6～10月、紅色の小花を茎先の花穂にびっしりつける。

秋

ヤナギタデ

タデ科イヌタデ属
分布 日本全土

柳蓼

川のほとりや湿地に生える1年草。和名は葉がヤナギに似ることによる。イヌタデは食用とならないが、本種は葉に辛みがあり、食用とする。茎は高さ40～60cm。7～10月につく花穂は垂れ下がる。

ツルソバ

タデ科イヌタデ属
分布 本州〜沖縄

蔓蕎麦

秋

　暖地の海岸付近や道端に生える多年草。茎はよく分枝し、つる状に長く伸びてよく茂る。葉は互生し、長さ5〜10cmの卵状長楕円形。5〜11月、多数の白花を開く。花後、花被片は肥厚して液質となり、痩果を包む。

ヒメツルソバ

タデ科イヌタデ属
分布 (帰化植物)

姫蔓蕎麦

　ヒマラヤ地方の原産で、初め観賞植物として栽培されたもの。現在では各地に野生化している。茎は基部からよく分枝して地表を這って広がる。葉は卵形、5〜10月、淡紅紫色の小花が直径1cmほどの球状に集まる。

ミズヒキ

タデ科ミズヒキ属　分布 日本全土

水引

　茎はまばらに枝分かれし、高さ50〜80cmになる。葉は互生し、長さ5〜15cmの広楕円形で、表面にしばしば黒い斑点が出る。8〜10月、細い花穂に小さな赤い花をまばらにつける。花の下部は白っぽい。

カンアオイ

ウマノスズクサ科カンアオイ属　分布 本州(千葉県〜静岡県)

寒葵

　山地の林下に生える常緑の多年草。葉は卵形で基部は深い心臓形、表面にしばしば白斑が入る。10〜3月、地に埋もれるように葉柄の基部に直径2cmほどの暗紫色の花をつける。カントウカンアオイの別名がある。

イラクサ

イラクサ科イラクサ属
分布 本州、四国、九州

刺草

秋

　茎や葉にとげがあり、触れるとかなりの痛みがあることによる和名。山地の多年草で高さ50～100cmになる。葉は対生し、卵円形で、縁には鋭い鋸歯がある。9～10月、穂状花序に淡緑色の小花をつける。

カナムグラ

クワ科カラハナソウ属
分布 北海道～九州

鉄葎

　原野や荒れ地に多いつる性の1年草。茎や葉柄には下向きのとげがあり、他の植物などにからみつく。葉は対生し長さ5～12cm、掌状に5～7裂する。葉の表面は粗い毛があり、ざらつく。9～10月の小花は淡緑色。

クロヤツシロラン

ラン科オニノヤガラ属　分布 本州、四国

黒八代蘭

比較的近年に見つけられたランで、杉林や竹林に生える腐生植物。花茎は地表上ではほとんど伸長せず、高さ2〜3cm。花期は9〜10月。花は暗紫色で1〜8個、萼は平開する。花はこの仲間の他種に比べ密集してつく。

秋

アキザキヤツシロラン

ラン科オニノヤガラ属　分布 本州、四国、九州

秋咲八代蘭

ふつう高さ10〜15cmほどになる腐生植物。太くて赤味のある淡褐色の茎で、果実期には果柄が伸び、ときに40cmぐらいになる。9〜10月、2〜8個の花をつける。萼は合着し、緑褐色をしている。

キリシマシャクジョウ
霧島錫杖

ヒナノシャクジョウ科キリシマシャクジョウ属
分布 四国、九州、沖縄

秋

　山地の腐植質の多い林内に生える腐生植物。茎は高さ10cmほどになる。9〜10月、まばらな集散花序状に白花をつける。花は長さ4〜5mm、小柄がある。花筒は3稜があり、先端の縁は淡黄色を帯びる。

ヒナノシャクジョウ
雛の錫杖

ヒナノシャクジョウ科ヒナノシャクジョウ属
分布 本州(関東以西)、四国、九州

　暗い常緑樹林内に生え、高さ3〜15cm。根茎は球状、地上部は全体が白色。8〜10月、茎頂に花が数個、頭状につく。花は無柄、白色筒状で長さ6〜10mm。和名は全体が小型で、姿が僧侶の錫杖に似るから。

ヒガンバナ

彼岸花

ヒガンバナ科ヒガンバナ属　分布 日本全土

秋

花 　葉

　人里近くの土手などに群生する多年草。古い時代に中国から入ったものといわれる。9月、地中の鱗茎から50〜70cmの花茎を立て、真赤な花を輪状につける。花後、線形の葉を広げる。別名マンジュシャゲ。

ミズアオイ

ミズアオイ科ミズアオイ属
分布 北海道〜九州

水葵

　水田や沼、湿地に生える高さ20〜40cmの1年草。根生葉は長柄があり、長さ幅とも5〜10cmの心臓形で、厚くて光沢がある。9〜10月、葉より高い花序を伸ばし、直径2.5〜3cmの青紫色の花を総状に多数つける。

ホテイアオイ

ミズアオイ科ホテイアオイ属
分布 (帰化植物)

布袋葵

　熱帯アメリカ原産の多年草で世界の暖地に広がっている。明治中期に渡来し栽培されたが、現在は野生化し、害草ともいわれる。葉柄の中部が多胞質になってふくらむ。葉は長さ5〜10cmの広倒卵形。花期は8〜10月。

タヌキアヤメ

タヌキアヤメ科タヌキアヤメ属

分布 九州、沖縄

狸文目

花

　水湿地に生える多年草で高さ50〜100cm。葉は長さ30〜70cmで束生。8〜10月、高さ20〜50cmの、白い綿毛をかぶった総状花序を立て、黄色の花をつける。花序に褐色の毛が密生するのをタヌキに例えた和名。

トチカガミ

トチカガミ科トチカガミ属

分布 本州、四国、九州、沖縄

鼈鏡

　池や溝などに生える多年草。しばしば水面をおおう。葉は径5〜6cmの円形で、裏面に浮袋となる気胞をもつ。花期は8〜10月、花は白色、花弁は3枚あり、一日花。トチはスッポンのこと、カガミは葉の感じによる。

ミズオオバコ

トチカガミ科ミズオオバコ属
分布 本州、四国、九州

水大葉子

秋

　水田や溝に生える1年草。葉は水中にあり、長さ10～30cmの広披針形で長い柄があり、縁は波状に縮れる。8～10月、葉の間から花茎を出し、水面に直径2～3cmの白色または淡紅紫色を帯びた花を開く。

オモダカ

オモダカ科オモダカ属
分布 日本全土

面高

　水田や浅い沼に生える多年草。葉は根生し、基部が2つに裂けた矢じり形で、長さ7～15cm。茎は高さ20～80cmになり、上部の節ごとに白花をつける。花序の上部に雄花を、下部に雌花をつける。

ツルボ

ユリ科ツルボ属
分布 日本全土

　山野の日当たりのよい土手などに生える多年草。葉は線形で長さ10～25cm。9月ごろ、20～40cmの花茎の先に直径4～7cmの花序をつけ、淡紫色の花を多数つける。スルボ、サンダイガサとも呼ばれる。

秋

ハナゼキショウ

ユリ科チシマゼキショウ属
分布 本州(関東以西)、九州

花石菖

　渓流沿いの岩場などに生える。根生葉は線形で長さ5～25cm、先は長くとがる。7～9月、2～3個の小型の葉をつけた10～30cmの花茎を立て、白花を総状花序につける。花被片は線状長楕円形で長さ3～4mm。

キイジョウロウホトトギス 紀伊上臈杜鵑

ユリ科ホトトギス属 分布 本州（和歌山県）

秋

花

　山地の崖などから下垂する多年草。茎にはほとんど毛はない。葉の基部の両側に耳片がある。花期は8〜10月。茎の頂に1〜2個、上部の葉のわきに1個、黄色の花を下向きにつける。紀伊国（和歌山県）の特産。

ホトトギス

ユリ科ホトトギス属

分布 北海道、本州(関東以西)、四国、九州

杜鵑

　山地の半日陰などに生える多年草。茎に粗い毛が生え、高さ30〜100cm。葉は披針状長楕円形で基部は茎を抱き、全面に軟毛がある。9〜10月、葉腋に直径約2.5cmの漏斗状鐘形の花を開く。花は白地に紫の斑点。

キチジョウソウ

ユリ科キチジョウソウ属

分布 本州、四国、九州

液果

吉祥草

　庭に植えて開花させると家に吉事があると言い伝えられる。根茎のある多年草で常緑樹林下に生える。葉は線形で長さ10〜30cm。9〜10月、高さ8〜13cmの花茎に紅紫色の花を開く。液果は球形で直径6〜9mm。

カヤツリグサ

カヤツリグサ科カヤツリグサ属
分布 本州、四国、九州

蚊帳吊草

人里近くの田畑の畔や道端に、ごくふつうに生える1年草。茎は高さ30〜70cmになる。7〜10月、茎先に3〜4個の長い苞葉をつけ、花序の枝を数本出して、黄褐色の小穂を集めた線形の花穂をつける。

ハマスゲ

カヤツリグサ科カヤツリグサ属
分布 本州〜沖縄

浜菅

海岸に多いことからこの名がある。畑、道端などにもよく生える高さ15〜40cmの多年草。茎は細くてかたい。葉は根元に数個つき、幅2〜6mmの線形で短い。7〜10月、茎の先に赤褐色の小穂を3〜8個つける。

エノコログサ

イネ科エノコログサ属 　分布　日本全土

狗尾草

日当たりのよい平地に多い1年草。高さ40〜70cm。葉は線状披針形で、下部には葉鞘がある。8〜11月、茎頂に長さ3〜8cmの円柱形で緑色の花穂をつける。花穂は直立か、やや一方に傾く。別名ネコジャラシ。

秋

ジュズダマ

イネ科ジュズダマ属 　分布　（帰化植物）

数珠玉

熱帯アジア原産の多年草で、古い時代に渡来したものとされる。水辺に多く群生し、高さ1〜2m。葉は線形。9〜11月、茎の上部の葉鞘から花序を出し、花は苞葉に包まれる。果実は苞葉に包まれたまま。

メガルカヤ

イネ科メガルカヤ属
分布 本州、四国、九州

雌刈萱

秋

　山野に生える多年草で、高さ1〜1.5mになる。葉は長さ30〜50cmの広線形でざらつき、先は次第にとがる。9〜10月、上部の葉のわきから短い枝を出し、小穂が6個ずつ集まった穂をつける。

オガルカヤ

イネ科オガルカヤ属
分布 本州〜沖縄、小笠原

雄刈萱

　山野のやや乾燥したところに生える多年草。高さ60〜100cmになる。葉は細く、長さ15〜40cm。8〜11月、茎の上部の苞のわきから短い枝を出し、その先は2つの軸に分かれ、それぞれの軸に小穂をつける。

メヒシバ

イネ科メヒシバ属　分布 日本全土

雌日芝

　道端や空地、畑などに生える1年草。茎は根元から数本出て、下部は這い、高さ40〜70cmになる。茎の節からも根を出して広がる。8〜10月、5〜12本の花序をやや放射状につける。小穂は披針形で長さ3mmほど。

秋

オヒシバ

イネ科オヒシバ属　分布 北海道を除く日本全土

雄日芝

　日当たりのよい道端などに生える1年草。和名はメヒシバ（雌日芝）に比べて全体がたくましいことによる。高さ30〜60cmになる。8〜10月、茎頂に傘形に枝分かれする緑色の花穂をつける。小穂は長さ6mmほど。

ススキ

イネ科ススキ属
分布：日本全土

薄

秋

平地や山地の日当たりのよいところに生える多年草。秋の七草の一つ。高さ1〜1.5m。8〜10月に茎の頂に長さ20〜30cmの大きな花穂をつける。別名のカヤはこの葉で屋根をふいたことから刈屋根の意味という。

オギ

イネ科ススキ属
分布：北海道〜九州

荻

河原や湿地に群生する多年草。高さ1〜2.5mになる。ススキによく似るが、ススキのように株立ちにならない。9〜10月、大きな花穂をつける。小穂は長さ6mmほど。小穂の基部に小穂の2〜4倍の長さの毛を密生する。

ヨシ

イネ科ヨシ属 　**分布** 日本全土

葦

沼や河岸に生える多年草で、群落をつくる。高さ2〜3m。葉は互生し、細長い披針形で長さ20〜50cm。8〜10月、長さ15〜40cmの円錐状の花序をつける。別名のアシは「悪し」に通じるのでヨシの名が一般的。

秋

チカラシバ

イネ科チカラシバ属 　**分布** 日本全土

力芝

日当たりのよい草地に生える多年草。茎は多数叢生し高さ50〜80cm。葉は根元に集まり長さ30〜70cm。8〜11月、長さ10〜20cmの円柱状の花序をつくり、基部に暗紫色の剛毛のある小穂を多数つける。

植物用語の図解

花の構造と名称

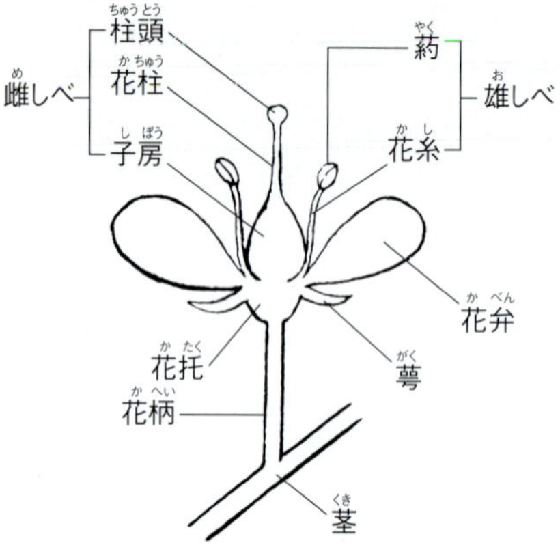

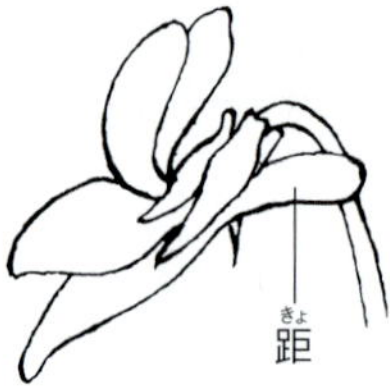

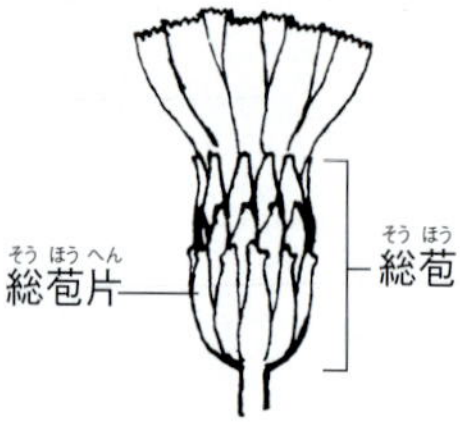

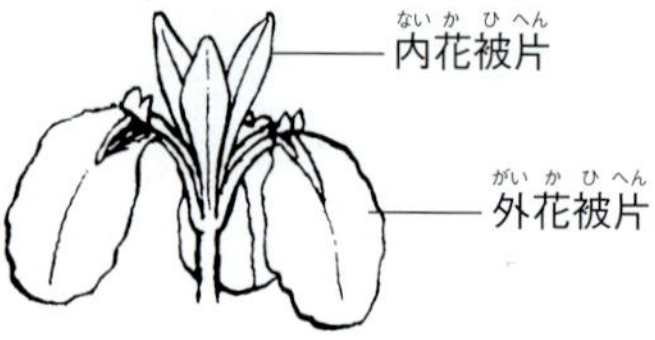

雌しべ
- 柱頭(ちゅうとう)
- 花柱(かちゅう)
- 子房(しぼう)

雄しべ
- 葯(やく)
- 花糸(かし)

花弁(かべん)
萼(がく)
花托(かたく)
花柄(かへい)
茎(くき)

距(きょ)

総苞片(そうほうへん)
総苞(そうほう)

内花被片(ないかひへん)
外花被片(がいかひへん)

204

花の形

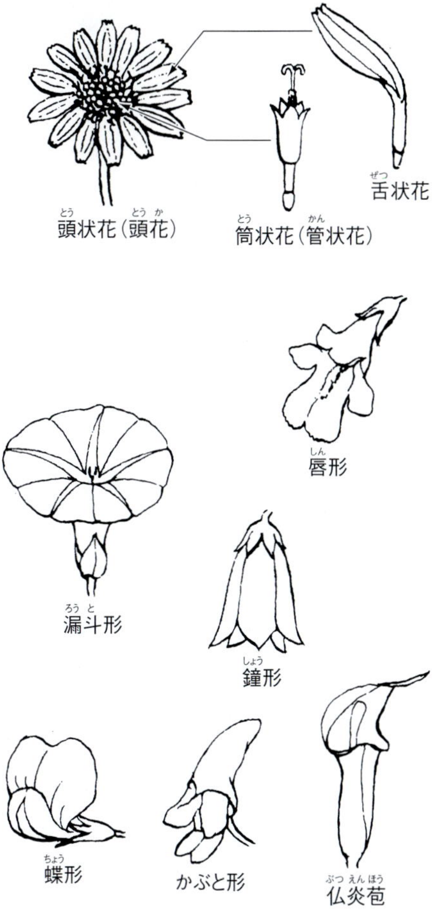

頭状花（頭花） 筒状花（管状花） 舌状花

唇形

漏斗形

鐘形

蝶形   かぶと形   仏炎苞

花のつき方(花序)

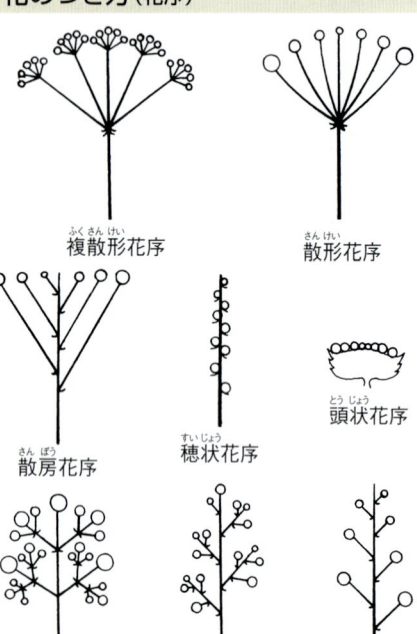

複散形花序　散形花序

散房花序　穂状花序　頭状花序

集散花序　円錐花序　総状花序

果実の種類

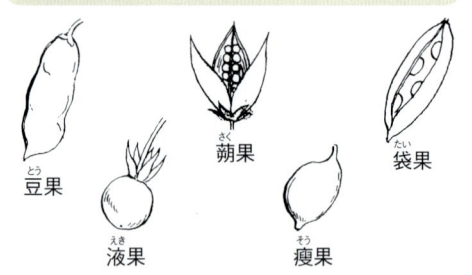

豆果　朔果　袋果

液果　瘦果

葉のつき方

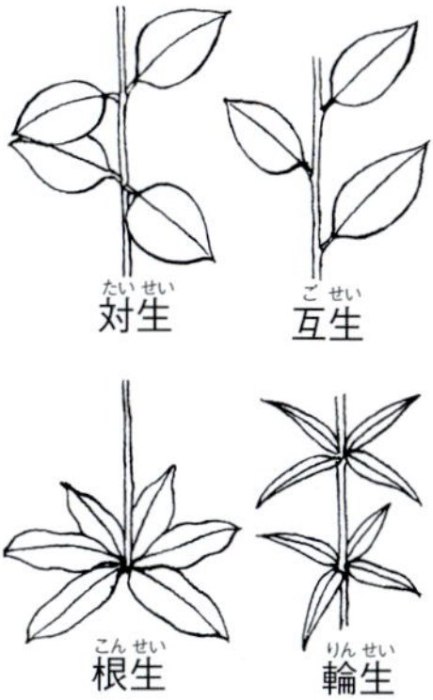

- 対生 (たいせい)
- 互生 (ごせい)
- 根生 (こんせい)
- 輪生 (りんせい)

葉の構造

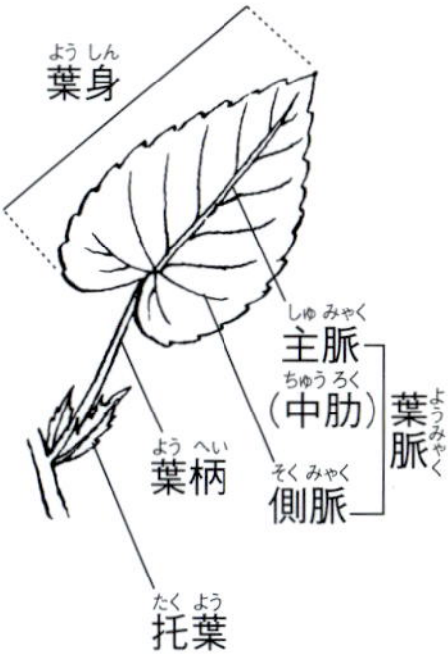

- 葉身 (ようしん)
- 葉柄 (ようへい)
- 托葉 (たくよう)
- 葉脈 (ようみゃく)
  - 主脈 (しゅみゃく)（中肋 (ちゅうろく)）
  - 側脈 (そくみゃく)

葉の形

- 倒披針形 (とうひしんけい)
- 披針形 (ひしんけい)
- 線形 (せんけい)
- 楕円形 (だえんけい)
- 卵形 (らんけい)
- へら形
- 心臓形 (しんぞうけい)
- 腎形 (じんけい)

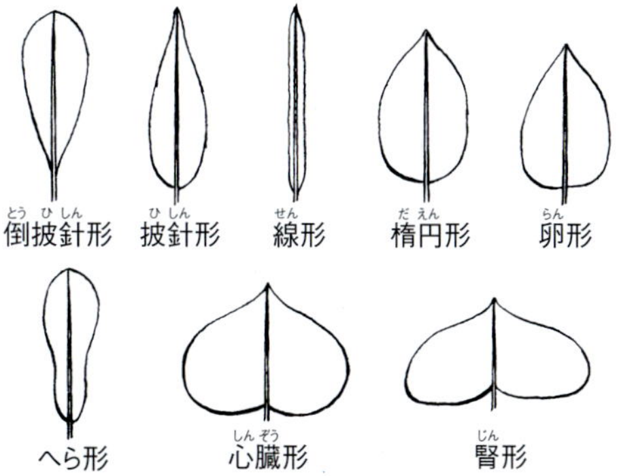

葉の基部の形

- くさび形
- 切形 (せつけい)
- ほこ形
- 矢じり形 (やじりけい)
- 心臓形 (しんぞうけい)

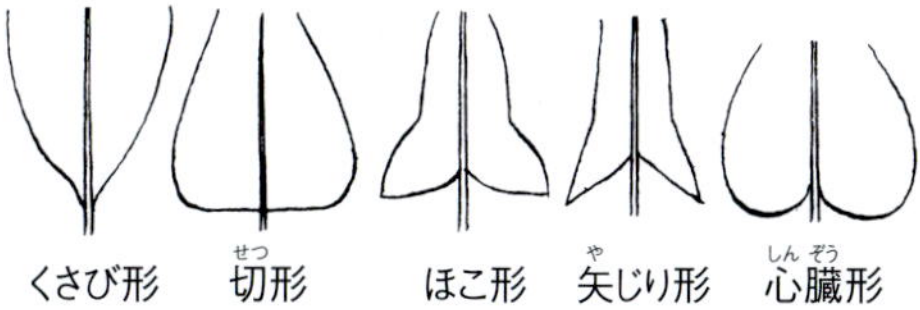

羽状葉（一枚の葉の変化の状態）

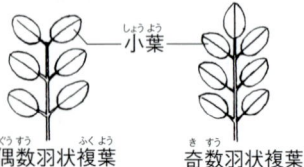

小葉

偶数羽状複葉　　奇数羽状複葉　　頭大羽状複葉

3回羽状複葉　　2回羽状複葉

鳥足状葉　　3出複葉　　2回3出複葉

葉の裂け方

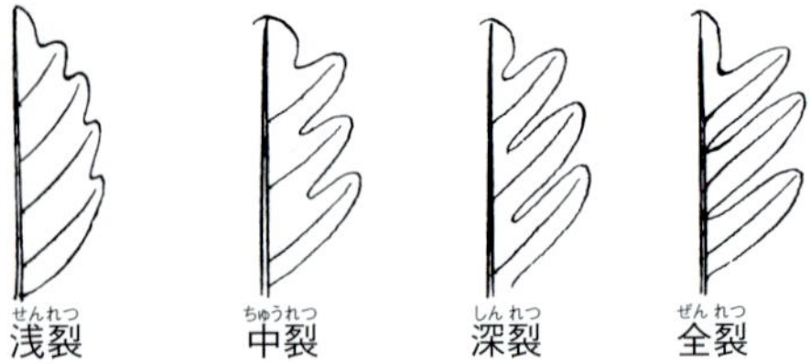

浅裂　　中裂　　深裂　　全裂

葉の縁の形

全縁　　波形　　鋸歯　　重鋸歯

植物用語の解説

P204からの「植物用語の図解」と合わせてご利用ください。

【あ行】

圧毛（あつもう）　茎や葉の表面に圧されたようにねている毛のこと。伏毛（ふくもう）ともいう。

羽状分裂（うじょうぶんれつ）（浅裂・中裂・深裂・全裂）　羽状脈をもつ一般的な葉の裂け方。（P208参照）ヤツデやカエデなどのように掌状脈をもつ葉の裂け方は掌状裂（しょうじょうれつ）という。

栄養葉（えいようよう）　シダ植物で、胞子嚢（ほうしのう）のできない葉のことをいう。裸葉（らよう）ともいう。胞子嚢ができる葉は胞子葉（または実葉（じつよう））という。

液果（えきか）　成熟すると果皮に多量の水分を含み、やわらかくなる果実。反対に、水分を失って乾燥する果実を総称して乾果（かんか）という。

腋生（えきせい）　茎や枝のわきに生えること。

円錐花序（えんすいかじょ）　（P206参照）

【か行】

開出毛（かいしゅつもう）　茎や葉の面から直角に生えている毛のこと。毛が出るときのほか、枝が分かれて出るときなども、直角か、またはそれに近い角度で出ることを開出という。

花冠（かかん）　1個の花にある花弁（花びら）の全部をまとめていう。

萼（がく）　花被のうち、いちばん外側にあって花を支えるもの。外花被にあたる。（P204参照）

角果（かくか）　角状の果実で、2枚の心皮（しんぴ）（袋果（たいか）の項参照）からなり、熟すと中央の隔膜を残して左右

2片に裂ける。角果の形の長いものを長角果といい、形の短いものを短角果という。長角果にはイヌガラシ、タネツケバナなどがあり、短角果にはスカシタゴボウ、ナズナなどがある。

核果(かくか) 内果皮(いちばん内側の果皮)が木質化して厚くかたくなっている果実。石果(せきか)ともいう。

殻斗(かくと) ブナ科のコナラ、カシワなどの果実のつけ根にある、杯のような形の殻。この殻は多数の苞葉が生長したもの。

萼筒(がくとう) 萼片の下部が合着して筒状になっている部分をいう。

萼片(がくへん) 萼の一つ一つをいう。

花喉(かこう) 花冠の喉(のど)の部分。特に、細長い花などの筒部の入り口の部分をいう。

花糸(かし) 雄しべのこと。先端に葯(やく)がある。(P204参照)

花序(かじょ) 花が集まってついている部分。または花が茎につく状態。(P206参照)

花柱(かちゅう) 雄しべの子房より上の部分。先端を柱頭(ちゅうとう)という。(P204参照)

花被(かひ) 萼と花冠を総称していう。萼を外花被(がい)、花冠を内花被(ない)という。(P204参照)

花柄(かへい) 一つ一つの花をつける枝のこと。花梗(かこう)ともいう。(P204参照)

花弁(かべん) 花びらのこと。(P204参照)

冠毛(かんもう) キク科の植物で、子房(しぼう)の上部にある絹のような毛。もともとは萼の変形したもの。

帰化植物(きかしょくぶつ) 本来はその国になかった植物が、人類の移動や動物の媒介によって外国から持ち込まれて繁殖し、自然に定着した植物。自生植

物に対する語。

偽茎（ぎけい） 筒状の葉鞘が重なって花茎を抱き、茎のように見える部分。ムラサキマムシグサなどに見られる。

奇数羽状複葉（きすううじょうふくよう） （P208参照）

逆刺（ぎゃくし） 逆向きのとげ。

距（きょ） 萼や花弁の後方が細長く突出した部分。（P204参照）

距歯（きょし） 葉の縁が、のこぎりの歯のようにぎざぎざに切れ込んだ状態のことをいう。ぎざぎざが葉の先に向いている点が、山形に切れ込む歯牙と異なる。（P208参照）

菌根植物（きんこんしょくぶつ） 根に菌類が共生している植物。

偶数羽状複葉（ぐうすううじょうふくよう） （P208参照）

くも毛（くもげ） くもの巣状になって生えている毛。

茎葉（けいよう） 茎から出ている葉。

舷部（げんぶ） 花弁や花筒の先が平開した部分。

互生（ごせい） （P207参照）

根生葉（こんせいよう） 根元（根ではない）から出ている葉。根出葉（こんしゅつよう）ともいう。（P207参照）

【さ行】

蒴果（さくか） 子房が2室あり、それが成熟して果実となったもの。熟すと果皮が乾いて縦裂し、種子を散らす。（P206参照）

3回羽状複葉（さんかいうじょうふくよう） （P208参照）

3出複葉（さんしゅつふくよう） （P208参照）

歯牙（しが） 葉の縁のぎざぎざのこと。ぎざぎざが先に向いている鋸歯と異なり、山形になっているものをいう。

4数性（しすうせい） 花を構成する要素（花弁、萼、雄しべ、

雌しべなど）が、4または4の倍数からなる性質をいう。3の場合は3数性、5の場合は5数性という。

子房 雌しべの下部のふくらんだ部分。受精後、成熟すると果実になる。（P204参照）

斜上 茎が斜めに立ち上がること。

雌雄異株 ある同一の植物において、雌花と雄花がそれぞれ別の株につくもの。クワ科のカナムグラ、ウリ科のカラスウリなど。

集合果 多数の密集した花が果実となり、全体で1個のように見える果実。

珠芽 葉腋に出た芽（腋芽）に養分が蓄えられて肥大し、肉質のかたまりになったもの。肉芽、むかごともいう。

小苞 苞葉のうち、花柄にあって花に最も近いものをいう。

小葉 複葉を構成している1枚1枚の葉のこと。奇数羽状複葉で最頂部につくものを特に頂小葉という。（P208参照）

食虫植物 葉や花に止まった昆虫などの小動物を捕らえ、消化・吸収して栄養を補充している植物。

唇弁 ラン科の花の花弁のうち、中央の大型の1枚をいう。

穂状花序 長い花軸に柄のない花が多数、密に互生している花序。下から上へ咲きのぼる。（P206参照）

蕊柱 雄しべと雌しべがくっついて一つになったもの。ラン科に多く見られる。

腺毛 毛の先端が小さくふくらんでいて、そこ

から液体を分泌する。
痩果（そうか） 種子のように見える小さい果実。乾果の一種で、成熟すると乾く。（P206参照）
走出枝（そうしゅつし） 茎の基部から出て地上を這（は）う細い茎。
装飾花（そうしょくか） 中性花（雄しべも雌しべも退化して共にない花）の花序の周囲にある大型でよく目立つ花。
叢生（そうせい） →束生
総苞（そうほう） 苞葉のうち、花序の基部にあって、多数の花に共通するものをいう。総苞片とはその1枚1枚のこと。（P204参照）
束生（そくせい） 茎が株立ち状になること。
側弁（そくべん） スミレの仲間では花の上部に2枚並んだ花弁（上弁（じょうべん））があるが、その下で左右に2枚出ている花弁のこと。

【た行】

袋果（たいか） 1個の心皮（しんぴ）からなる子房（しぼう）が成熟して果実となったもの。心皮とは雄しべを構成する葉のことをいう。熟すと乾き、心皮の合わせ目に沿って裂け、種子を散らす。（P206参照）
対生（たいせい） （P207参照）
托葉（たくよう） 葉柄の基部にある、葉に似た付属体。とげ状、突起状、巻ひげ状などさまざまな形があり、葉鞘も托葉の一種。（P207参照）
単葉（たんよう） 葉身が1枚の葉。複葉に対する語。
地下茎（ちかけい） 地中にある茎のこと。特殊な形をしており、鱗片（りんぺん）状の葉があることで根と区別できる。
虫瘿（ちゅうえい） 植物に昆虫などが寄生し、その部分が異常に肥大したもの。虫こぶともいう。
中脈（ちゅうみゃく） 葉の中央にあるいちばん太い葉脈のこ

と。中央脈、中肋、主脈ともいう。(P207参照)

中肋 (P207参照) → 中脈

頂小葉 (P208参照) → 小葉

豆果 袋果と同じく、1個の心皮からなる子房が成熟してできた果実。熟すと乾いて、心皮の合わせ目とその反対側の2カ所で裂ける。莢果ともいう。(P206参照) → 袋果

頭花 頭状花序 (P206参照) につく小花。多数の小花が密生し、全体が1個の花のように見える。周囲は総苞で囲まれ、一つ一つの小花に柄はない。頭状花ともいう。(P205参照)

筒状花 管状花ともいう。(P205参照)

【な行】

2回羽状複葉 (P208参照)
2回3出複葉 (P208参照)

肉穂花序 肉質で太い花軸の周りに多数の小花が密生している花序。小花に柄はない。

芒 イネ科植物の花を包む穎（総苞にあたる）の先端から出る長い針状の突起物。

【は行】

杯状花序 トウダイグサ属の植物に特有。杯状の総苞の中に多数の雄花と1個の雌花が入っている花序。

複散形花序 散形花序が複数重なって構成される花序。複合散形花序ともいう。(P206参照)

伏毛 → 圧毛

複葉 葉の切れ込みが中脈まで達し、複葉の小葉に分かれた形の葉。単葉に対する語。羽状複葉、掌状複葉がある。(P208参照)

仏炎苞 穂状花序をとり巻いているラッパ状

の大型の総苞。ミズバショウ、カラスビシャクなどに顕著。（P205参照）

閉鎖花（へいさか）　花弁が開かず、つぼみのままで自花受精して結実する花。

胞果（ほうか）　果皮が薄い袋状で、その中に種子が1個入っている果実。果皮と種子は離れている。

胞子嚢（ほうしのう）　胞子をつくり、それを入れている袋状の生殖器。成熟すると胞子を放出する。

胞子葉（ほうしよう）　胞子嚢をつける葉。実葉（じつよう）ともいう。クサソテツ、ゼンマイなどのシダ植物で、胞子嚢をつけない栄養葉（えいようよう）と区別して使われる語。

苞葉（ほうよう）　茎の上部、特に花序の部分にある変形した葉のこと。単に苞ともいう。苞葉のうち、花柄にあって花に最も近いものを小苞（しょうほう）といい、花序の下部にあって多数の花に共通しているものを総苞（そうほう）という。→総苞

捕虫嚢（ほちゅうのう）　食虫植物が昆虫などを捕らえ、それを消化・吸収する袋。捕虫袋ともいう。

【ま行】

蜜腺（みつせん）　花蜜を分泌する器官のこと。普通は花の基部にある。

むかご　→珠芽

無柄（むへい）　葉や花に葉柄や花柄のないこと。有柄（ゆうへい）に対する語。

【や行】

葯（やく）　花粉をつくり、入れておく袋状の器官。雄しべの先端にあり、成熟すると花粉を放出する。雄しべは葯と花糸（かし）とで構成される。（P204参照）

有柄（ゆうへい）　葉や花に柄があること。無柄の反対語。

葉腋（ようえき）　葉のわき、葉の付け根のこと。

葉鞘（ようしょう） 葉の基部の茎が鞘状に変化したもの。

葉柄（ようへい） 葉の一部。葉身と茎の間にある細い柄。（P207参照）

翼（よく） 枝や葉柄、果実などから翼状に張り出した扁平な付属物をいう。

【ら行】

稜（りょう） すみ。かど。多面体の茎や果実などで、隣り合う面がまじわるところ。例えば、「3稜ある」は「かどが三つある」の意。

両性花（りょうせいか） 1個の花の中に雄しべと雌しべの両方が存在する花。どちらか一方だけがあるものを雌雄異花といい、両方ともないものを中性花という。

輪生（りんせい） 葉が茎の各節からそれぞれ3枚以上で出ていること。（P207参照）

鱗片（りんぺん） 葉が変形して鱗（うろこ）状になったもの。またはシダ植物の葉柄にある褐色などをした薄い細片。

ロゼット 多年草や越年草の根生葉が、冬季に、地面を這うように平たく放射状に広がった形をいう。冬の寒さに耐えるための生態で、タンポポ、ナズナ、オオマツヨイグサなどに見られる。

索 引

※細字は別名です。

〈ア〉

アイ	32
アオイスミレ	28
アカザ	183
アカツメクサ	102
アカネ	161
アカバナ	97
アカバナユウゲショウ	97
アキギリ	167
アカミタンポポ	6
アキザキヤツシロラン	189
アキチョウジ	166
アキノキリンソウ	152
アケボノソウ	170
アサガオ	160
アサザ	92
アサマリンドウ	171
アシ	203
アシタバ	96
アズマイチゲ	52
アッケシソウ	183
アツモリソウ	62
アブラギク	142
アマチャヅル	159
アマナ	71
アメリカフウロ	103
アメリカヤマゴボウ	110
アヤメ	120
アレチノマツヨイグサ	99
アワコガネギク	142

〈イ〉

イ	125
イカリソウ	42
イグサ	125
イソギク	143
イソマツ	172
イタドリ	184
イチヤクソウ	92
イチリンソウ	51
イナモリソウ	81
イヌキクイモ	157
イヌタデ	185
イヌナズナ	39
イヌノフグリ	16
イラクサ	188
イワウチワ	93
イワギリソウ	82
イワタバコ	82

〈ウ〉

ウスベニニガナ	10
ウチョウラン	113
ウツボグサ	85
ウバユリ	128
ウマノアシガタ	50
ウメバチソウ	178
ウラシマソウ	66
ウラジロチチコグサ	13
ウワバミソウ	59

〈エ〉

エイザンスミレ	28
エゾエンゴサク	45
エゾカンゾウ	133
エゾキスゲ	131
エゾスカシユリ	127
エゾタンポポ	5

217

エノコログサ	199
エビネ	112
エンビセンノウ	181
エンレイソウ	70

〈オ〉

オウレン	53
オオアラセイトウ	41
オオアレチノギク	153
オオイヌノフグリ	16
オオオナモミ	154
オオジシバリ	9
オオニガナ	148
オオニシキソウ	173
オオバギボウシ	126
オオバコ	83
オオバナノエンレイソウ	70
オオバヨメナ	139
オオブタクサ	156
オオマツヨイグサ	98
オカトラノオ	91
オガルカヤ	200
オギ	202
オキナグサ	47
オキナワチドリ	63
オギョウ	12
オトギリソウ	100
オトコエシ	162
オドリコソウ	21
オナモミ	154
オニタビラコ	11
オニドコロ	124
オニノゲシ	8
オニバス	104
オニユリ	130
オヒシバ	201
オミナエシ	162
オモダカ	194
オランダガラシ	41
オランダミミナグサ	55

〈カ〉

カイジンドウ	86
ガガイモ	90
カキツバタ	121
カキドオシ	22
カコソウ	85
カザグルマ	108
カシワバハグマ	150
カスマグサ	35
カタクリ	71
カタバミ	37
カナムグラ	188
カノコユリ	131
ガマ	119
カヤツリグサ	198
カラスウリ	80
カラスノエンドウ	34
カリガネソウ	167
カワラナデシコ	182
カンアオイ	187
ガンクビソウ	150
カンサイタンポポ	5
カントウカンアオイ	187
カントウタンポポ	4
カントウヨメナ	138

〈キ〉

キイジョウロウホトトギス	196
キカラスウリ	80
キキョウ	160
キキョウソウ	79
キクイモ	157
キクザキイチゲ	52
キクザキイチリンソウ	52

キクタニギク 142
キクバオウレン 53
ギシギシ 57
キジムシロ 33
キショウブ 121
キチジョウソウ 197
キツネノカミソリ 122
キツネノボタン 50
キノクニシオギク 143
キバナアキギリ 167
キバナガンクビソウ......150
キブネギク 179
キュウリグサ 24
ギョウジャニンニク 136
キリシマシャクジョウ
......................................190
キレンゲショウマ 106
キンポウゲ 50
キンラン 61
ギンラン 61
ギンリョウソウ 93
〈ク〉
クサソテツ 73
クサノオウ 106
クサヤツデ 149
クズ 176
クマガイソウ 62
クモラン 114
クリンソウ 27
クルマバザクロソウ 182
クレソン 41
クローバー 102
クロヤツシロラン 189
クワモドキ 156
グンバイナズナ 39
〈ケ〉
ゲンゲ 36

ゲンノショウコ 176
〈コ〉
コウゾリナ 7
コウホネ 104
コウリンタンポポ 76
コオニタビラコ 11
コオニユリ 130
ゴギョウ 12
コケリンドウ 25
コゴミ 73
コセンダングサ 146
コチャルメルソウ 44
コニシキソウ 174
コバギボウシ 126
コバノタツナミソウ 20
コハマギク 144
コバンソウ 72
コヒルガオ 88
コメツブツメクサ 103
コメナモミ 155
〈サ〉
サギゴケ 18
サギシバ 18
サギソウ 117
サクラソウ 27
ザクロソウ 182
ササユリ 129
サワトラノオ 91
サンダイガサ 195
〈シ〉
シオガマギク 164
シオギク 143
シオデ 133
シオン 140
ジシバリ 9
シマカンギク 142
シモツケソウ 101

シモバシラ	164	セツブンソウ	48
シャガ	64	セリ	95
ジャノヒゲ	134	セリバヒエンソウ	54
ジュウニヒトエ	23	センダングサ	146
シュウメイギク	179	センブリ	169
ジュウヤク	111	センボンヤリ	14
ジュズダマ	199	ゼンマイ	74

〈ソ〉

シュンラン	63	ソナレセンブリ	169

〈タ〉

ショウキラン	116	ダイサギソウ	117
ショカッサイ	41	ダイモンジソウ	177
シラヤマギク	140	タケニグサ	107
シラン	119	タコノアシ	178
シロザ	183	タチアワユキセンダングサ	
シロツメクサ	102		147
シロノセンダングサ	147	タチイヌノフグリ	17
シロバナタンポポ	6	タチツボスミレ	29
ジロボウエンゴサク	46	タツナミソウ	20
ジンジソウ	177	タヌキアヤメ	193

〈ス〉

スイバ	58	タネツケバナ	40
スカシユリ	127	ダンギク	168
スカンポ	58	ダンダンギキョウ	79

〈チ〉

スギナ	73	チャルメルソウ	44
スズカケソウ	84	チガヤ	136
ススキ	202	チカラシバ	203
スズメノエンドウ	34	チゴユリ	69
スハマソウ	49	チチコグサ	12
スベリヒユ	110	チドメグサ	94
スミレ	30	チョウジソウ	90
スルボ	195		

〈ツ〉

〈セ〉		ツキミソウ	98
セイタカアワダチソウ		ツクシ	73
	152	ツボスミレ	29
セイヨウタンポポ	4	ツメクサ	54
セキヤノアキチョウジ		ツメレンゲ	179
	166		
セッコク	116		

ツユクサ	123
ツリガネニンジン	160
ツリフネソウ	173
ツルソバ	186
ツルフジバカマ	175
ツルボ	195
ツルリンドウ	171
ツワブキ	158

〈テ〉

テイショウソウ	148
テッポウユリ	68
テンニンソウ	165

〈ト〉

トウシンソウ	125
トウダイグサ	31
トキソウ	118
トキワイカリソウ	42
ドクダミ	111
トチカガミ	193
トトキ	160
トモエシオガマ	164

〈ナ〉

ナガミヒナゲシ	107
ナギラン	118
ナズナ	38
ナツエビネ	112
ナデシコ	182
ナンゴクウラシマソウ	67
ナンバンギセル	163

〈ニ〉

ニガナ	10
ニシキゴロモ	23
ニシキソウ	174
ニリンソウ	51
ニワゼキショウ	122

〈ネ〉

ネコジャラシ	199

ネコノシタ	77
ネコノメソウ	43
ネジバナ	113
ネナシカズラ	168

〈ノ〉

ノアサガオ	89
ノアザミ	13
ノウルシ	31
ノカンゾウ	132
ノゲシ	8
ノコンギク	139
ノジギク	141
ノシラン	135
ノハナショウブ	120
ノハラアザミ	158
ノミノツヅリ	57
ノミノフスマ	56

〈ハ〉

ハキダメギク	159
ハコベ	56
ハシリドコロ	19
ハナウド	95
ハナショウブ	120
ハナゼキショウ	195
ハナダイコン	41
ハハコグサ	12
ハマオモト	123
ハマギク	144
ハマグルマ	77
ハマサジ	172
ハマスゲ	198
ハマニガナ	77
ハマヒルガオ	89
ハマボッス	26
ハマユウ	123
ハルジオン	15
ハルノノゲシ	8

221

ハルユキノシタ	43
ハンゲショウ	111
ハンショウヅル	108

〈ヒ〉

ヒガンバナ	191
ヒシ	99
ヒシモドキ	83
ヒトリシズカ	60
ヒナノシャクジョウ	190
ヒメウラシマソウ	67
ヒメオドリコソウ	21
ヒメコバンソウ	72
ヒメサユリ	129
ヒメシャガ	64
ヒメジョオン	76
ヒメスイバ	58
ヒメスミレ	30
ヒメツルソバ	186
ヒメハギ	36
ヒメムカシヨモギ	153
ヒメヤブラン	135
ヒヨドリバナ	151
ヒルガオ	88
ビロードタツナミ	20
ビロードモウズイカ	84

〈フ〉

フキ	14
フキノトウ	14
フクジュソウ	49
フシグロセンノウ	180
フジバカマ	151
ブタクサ	156
ブタナ	7
フタバアオイ	59
フタリシズカ	60
フッキソウ	32
フデリンドウ	25
フラサバソウ	17

〈ヘ〉

ヘクソカズラ	161
ベニバナボロギク	157
ヘビイチゴ	33
ペラペラヨメナ	15
ペンペングサ	38

〈ホ〉

ホウチャクソウ	69
ボウラン	115
ホクロ	63
ホタルブクロ	79
ボタンボウフウ	96
ホテイアオイ	192
ホトケノザ	22
ホトトギス	197
ホンゴウソウ	125

〈マ〉

マツバウンラン	18
マツムシソウ	163
マツモトセンノウ	181
マツヨイグサ	98
マメグンバイナズナ	38
マンジュシャゲ	191

〈ミ〉

ミカエリソウ	165
ミコシグサ	176
ミズアオイ	192
ミズオオバコ	194
ミズタガラシ	40
ミズナ	59
ミズヒキ	187
ミスミソウ	49
ミゾソバ	184
ミソハギ	100
ミツバ	94
ミミガタテンナンショウ	

……………………………………65	ヤマオダマキ……………109
ミミナグサ……………………55	ヤマジオウ…………………86
ミヤコグサ……………………35	ヤマジノギク………………145
ミヤマエンレイソウ……70	ヤマトリカブト……………180
ミヤマヨメナ…………………78	ヤマノイモ…………………124
〈ム〉	ヤマブキソウ………………47
ムカデラン…………………115	ヤマユリ……………………128
ムコナ………………………140	〈ユ〉
ムサシアブミ………………66	ユウガギク…………………138
ムラサキ……………………87	ユウゲショウ………………97
ムラサキカタバミ…………37	ユキノシタ…………………105
ムラサキケマン……………46	ユキモチソウ………………68
ムラサキサギゴケ…………18	ユキワリイチゲ……………53
ムラサキタンポポ…………14	ユキワリソウ………………49
ムラサキツメクサ…………102	〈ヨ〉
ムラサキマムシグサ………65	ヨウシュヤマゴボウ……110
〈メ〉	ヨシ…………………………203
メガルカヤ…………………200	ヨツバハギ…………………175
メナモミ……………………155	ヨメナ………………………138
メヒシバ……………………201	ヨモギ………………………147
メマツヨイグサ……………99	〈リ〉
〈モ〉	リュウノウギク……………141
モウセンゴケ………………85	リュウノヒゲ………………134
モジズリ……………………113	リンドウ……………………170
モチグサ……………………147	〈ル〉
モミジガサ…………………149	ルリソウ……………………87
モミラン……………………114	ルリハコベ…………………26
〈ヤ〉	〈レ〉
ヤイトバナ…………………161	レッドクローバー…………102
ヤエムグラ…………………81	レンゲショウマ……………109
ヤクシソウ…………………145	レンゲソウ…………………36
ヤナギタデ…………………185	レンリソウ…………………101
ヤブカンゾウ………………132	〈ワ〉
ヤブラン……………………135	ワスレナグサ………………24
ヤブレガサ…………………78	ワラビ………………………74
ヤマアイ……………………32	
ヤマエンゴサク……………45	

【著者紹介】
菱山忠三郎（ひしやま　ちゅうざぶろう）

昭和11年、東京都八王子市に生まれる。成蹊大学卒業後、東京農工大学林学科を卒業。八王子市立高尾自然科学館研究嘱託、八王子高校講師を経て、現在は八王子自然友の会副会長、八王子市文化財保護審議会委員、環境省自然公園指導員、朝日カルチャーセンター植物講座講師など。『日本の野草』共著、『日本の樹木』共著（以上、山と渓谷社）、『高尾山　花と木の図鑑』『樹木の冬芽図鑑』『主婦の友ポケットBOOKS　身近な樹木』（以上、主婦の友社）など著書多数。

装丁・デザイン／ミルリーフ
校正／オフィス バンズ
制作／主婦の友インフォス情報社（鈴木健二）

主婦の友ポケットBOOKS
身近な野草・雑草

著　者	菱山忠三郎
発行者	神田高志
発行所	株式会社主婦の友社
	郵便番号101-8911
	東京都千代田区神田駿河台2-9
	電話（編集）03-5280-7537
	（販売）03-5280-7551
印刷所	図書印刷株式会社

©CHUZABURO HISHIYAMA　2007　Printed in Japan
ISBN978-4-07-254574-4
R〈日本複写権センター委託出版物〉
本書を無断で複写複製（コピー）することは、著作権法上の例外を除き、禁じられています。本書をコピーされる場合は、事前に日本複写権センター（JRRC）の許諾を受けてください。JRRC〈http://www.jrrc.or.jp eメール：info@jrrc.or.jp　電話：03-3401-2382〉

※本書の内容についてのお問い合わせは、主婦の友インフォス情報社企画出版部（電話03-3295-9465　担当／鈴木健二）

※落丁本、乱丁本はお取り替えいたします。お買い求めの書店か、主婦の友社資材刊行課（電話03-5280-7590）まで。

※主婦の友社発行の書籍やムック、雑誌のご注文は、お近くの書店か主婦の友コールセンター（電話049-259-1236）まで。

※主婦の友ホームページ http://www.shufunotomo.co.jp/

く-072006